城市内涝系统治理规划设计与实践丛书
王家卓　丛书主编

城市洪涝风险识别与模拟

刘媛媛　主编

中国建筑工业出版社

图书在版编目（CIP）数据

城市洪涝风险识别与模拟 / 刘媛媛主编. -- 北京：中国建筑工业出版社, 2024.12. --（城市内涝系统治理规划设计与实践丛书 / 王家卓主编）. -- ISBN 978-7-112-30489-9

Ⅰ. P426.616

中国国家版本馆CIP数据核字第2024TE6835号

本书针对我国地形多样、气候复杂的特点，探讨了不同城市由于地理位置和气候环境差异导致的降雨特征和洪涝灾害成因。本书包括：城市洪涝的形成机理及特点、暴雨时空特征分析、洪涝风险的早期识别、精细化数值模拟模型的理论和方法以及预警仿真平台等内容。并通过北京、昆明、深圳三个城市的案例，进行了具体案例应用说明，以期为城市洪涝风险管理水平的提高提供科学依据和技术参考。

责任编辑：徐仲莉　王砾瑶
版式设计：锋尚设计
责任校对：赵力

城市内涝系统治理规划设计与实践丛书
王家卓　丛书主编
城市洪涝风险识别与模拟
刘媛媛　主编

*

中国建筑工业出版社出版、发行（北京海淀三里河路9号）
各地新华书店、建筑书店经销
北京锋尚制版有限公司制版
建工社（河北）印刷有限公司印刷

*

开本：787毫米×1092毫米　1/16　印张：13¾　字数：246千字
2024年10月第一版　2024年10月第一次印刷
定价：**158.00**元
ISBN 978-7-112-30489-9
（43129）

版权所有　翻印必究
如有内容及印装质量问题，请与本社读者服务中心联系
电话：（010）58337283　　QQ：2885381756
（地址：北京海淀三里河路9号中国建筑工业出版社604室　邮政编码：100037）

《城市洪涝风险识别与模拟》
编写委员会

主　　编：刘媛媛

顾　　问：程晓陶

主要编写人（按照姓名拼音排序）：
　　郝晓丽　　李　敏　　刘业森

编　　委（按照姓名拼音排序）：
　　胡昌伟　　胡文才　　李　匡　　刘　舒
　　刘　伟　　刘　洋　　刘正风　　徐　美
　　杨永森　　张福然　　张红萍　　郑敬伟

目录

1 城市洪涝风险的形成机理及特点 ……………………… 1

1.1 引言 2
1.2 城市洪涝风险的特点 3
    1.2.1 城市降雨特点 4
    1.2.2 城市洪涝灾害类型及特点 6
1.3 城市洪涝风险影响因素分析 10
    1.3.1 自然因素 10
    1.3.2 人为因素 13

2 城市洪涝模型研究进展 ……………………… 19

2.1 城市洪涝模型构成 20
    2.1.1 半分布式城市洪涝模型 22
    2.1.2 全分布式城市洪涝模型 24
2.2 城市洪涝模型发展历程 26
    2.2.1 降雨产流计算 26
    2.2.2 地表洪涝淹没计算 26
    2.2.3 耦合机制 27
2.3 城市洪涝模拟技术发展趋势 28

3 城市洪涝精细化数值模型理论及方法 ……………………… 31

3.1 模型原理 32

3.1.1 地表产汇流水文模型原理 ... 32
3.1.2 地表产汇流水文水动力模型原理 ... 36
3.1.3 河网水动力模型原理 ... 42
3.1.4 管网水动力模型原理 ... 47
3.1.5 模型耦合原理 ... 49

3.2 技术方法 ... 54
3.2.1 地表水文水动力模型构建 ... 54
3.2.2 河网水动力模型构建 ... 57
3.2.3 管网水动力模型构建 ... 61

4 城市洪涝风险智能模型基本原理及应用 ... 71

4.1 城市洪涝风险智能识别 ... 72
4.1.1 技术背景 ... 73
4.1.2 基本原理 ... 74
4.1.3 模型算法 ... 75
4.1.4 实际案例 ... 80

4.2 AI和数值模型相结合的城市洪涝智能预测 ... 84
4.2.1 技术背景 ... 84
4.2.2 研究流程和方法 ... 86
4.2.3 结果分析 ... 93
4.2.4 结论和展望 ... 97

5 华北内陆城市洪涝模拟——以北京市为例 ... 99

5.1 自然地理 ... 100
5.2 降雨特点 ... 100
5.3 洪涝特点 ... 102
5.4 城市洪涝模拟及风险分析 ... 104

	5.4.1　河道一维模型	104
	5.4.2　地表二维模型	105

6　西南山地典型城市洪涝模拟——以昆明市为例 …………　109

6.1　自然地理　110

6.2　降雨特点　110

6.3　洪涝特点　111

6.4　洪涝模拟　112

  6.4.1　模型建设范围　113

  6.4.2　河网水动力模型　113

  6.4.3　非建成区产汇流水文模型　114

  6.4.4　建成区产汇流水文水动力模型　114

  6.4.5　管网水动力模型　117

  6.4.6　模型耦合　118

  6.4.7　模型调试及可靠性分析　120

  6.4.8　模型应用　126

7　华南山地典型城市洪涝模拟——以深圳河湾片区为例 …　127

7.1　自然地理　128

7.2　降雨特点　129

7.3　洪涝特点　131

7.4　洪涝模拟　135

  7.4.1　水文模型构建　136

  7.4.2　水动力学模型构建　139

  7.4.3　水文边界条件计算　156

  7.4.4　实际案例——"8·29"暴雨模拟合理性分析　160

  7.4.5　洪涝风险图　170

8 城市洪涝预警数值仿真平台 ····· 181

8.1 平台框架   182
8.1.1 总体框架   182
8.1.2 技术框架   183
8.1.3 功能框架   185
8.1.4 应用框架   186

8.2 平台主要功能   187
8.2.1 洪涝监视预警   187
8.2.2 洪涝模拟调度   188
8.2.3 洪涝未来态势分析   189
8.2.4 风险应急分析   189
8.2.5 淹没过程仿真   191

8.3 关键技术   192
8.3.1 基于服务耦合的多维数据组织技术   192
8.3.2 基于洪涝风险案例库的应急决策智能分析   192
8.3.3 城市洪涝多尺度嵌套模型系统集成技术   192
8.3.4 城市洪涝模型模拟结果概化技术   193

参考文献 ····· 202

1 城市洪涝风险的形成机理及特点

1.1　引言

近年来随着全球持续变暖，极端天气频发。根据中国气象局气候变化中心发布的《中国气候变化蓝皮书（2022）》，1961~2021年我国平均年降水量呈增加趋势，平均每10年增加5.5mm，高温、强降水等极端天气气候事件趋多、趋强。2023年7月28日至8月1日，海河流域出现了历史罕见的极端暴雨过程，流域累积面雨量155.3mm，降水总量494亿m³。2021年7月20日，郑州出现了最大小时雨量201.9mm，刷新了当时我国城市最大小时雨强的纪录。2023年9月7日，深圳的降水量打破了深圳市自1952年有气象记录以来的多项历史极值。

由于部分城市防洪排涝体系薄弱，防洪排涝系统建设跟不上城市发展的速度，缺乏科学的研究和分析，规划与建设脱节；历史欠账较多，存在排水管网系统不完善、老城区排水标准较低、部分管渠河道淤积严重、行洪排涝能力不足等问题。防洪工程措施和排涝工程措施的衔接不合理，雨水口数量不足、城市河道及排水渠被人为堵塞、管渠疏通不及时等因素，致使城区每遇强降雨便出现不同程度的洪涝。目前我国正处于城镇化较快发展的时期，随着我国城镇化建设的快速发展，洪涝灾害所造成的损失也被成倍放大，大暴雨引起的洪涝灾害已经成为影响城市运行、人民群众生命财产安全的主要自然灾害，且最近呈多发态势。

随着社会经济的快速发展，洪涝灾害所造成的损失也被成倍放大。我国是暴雨洪涝灾害频发的地区，应急管理部发布的2022年全国十大自然灾害中，因为暴雨洪涝导致的灾害就占了八项。据应急管理部统计，仅2023年前三季度，洪涝和地质灾害共造成5190.4万人次不同程度受灾，因灾死亡失踪405人，直接经济损失2393亿元。洪涝灾害已经成为一个不可忽视的问题。

作为一个地形多样、气候复杂的国家，如何进一步提升城市的防灾减灾能力，确保城市的可持续发展，是一个需要长期探索和应对的课题。针对这一问题，我国各级政府对城市防洪排涝系统的建设和改造采取了一系列措施。从"海绵城市"概念的提出到防洪排涝设施的升级，从城市规划的调整到应急管理体系的完善，以增强城市抵御暴雨和洪涝的能力。

城市洪涝风险的形成涉及多个方面的因素，本章通过分析城市洪涝风险的形成机理，从自然因素到人为因素，从气候条件、地形地貌，到城市化进程、城市规划和土地利用等方面进行探讨，分析不同类型城市面临暴雨和洪涝风险的特点，以及城市洪涝风险的影响因素，以期为应对城市洪涝问题提供参考。

1.2 城市洪涝风险的特点

我国幅员辽阔，陆地面积世界排名第三，从东部的沿海地区延伸到西部的高原和山脉；南北跨度约5500km，从北部的寒冷森林到南部的热带雨林。巨大的地域跨度，带来了极为复杂的地形与多样的气候条件，造就了各种各样的自然环境和气候特点，各城市因其地理位置、气候条件以及城市化进程的不同，面临不同自然灾害的挑战，其中暴雨引发的洪涝灾害是对我国各城市影响最大的自然灾害之一。

不同城市洪涝的成因和影响存在显著差异。沿海城市主要分布在我国东部沿海地区，雨量充沛，汛期受台风、季风强降雨影响，是我国暴雨洪涝灾害高发区域。近年来，随着海平面的上升，以及全球气候变化的影响，沿海城市受洪涝灾害的威胁日益增长。2021年8月9日正式发布的联合国政府间气候变化专门委员会（IPCC）第六次评估报告中指出：全球陆地平均降水量自1950年以来有所增加，20世纪50年代以来，一些沿海和河口地区的洪涝复合事件（极端降水、风暴潮、河流流量等多种因素共同导致的洪涝事件）增多。

位于我国中西部的内陆城市，年降雨量比沿海地区少。但近年来随着极端天气事件的增多，我国内陆城市突破历史极值的大暴雨事件也频繁出现。山地城市主要分布在山地、丘陵以及高原等，平均坡度在5°以上，区域起伏不平，与平原地区的城市形态及生境迥然不同。与平原城市相比，山地城市地形复杂，气候多变，外洪、内涝和山洪灾害叠加，复杂多样。作为一个地形多样、气候复杂的国家，如何进一步提升城市的防灾减灾能力，确保城市的可持续发展，是一个需要长期探索和应对的课题。

不同类型的城市，由于地理位置、气候条件的差异，遭遇的暴雨类型也各不相同。从沿海城市的台风暴雨到内陆城市的季节性强降水，再到山地城市的对流性暴雨，每一种暴雨特点不同，产生的洪涝特点也各不相同。了解不同类型城市的暴雨洪涝特性，不仅对于科学研究至关重要，也是城市规划和灾害管理的基础。随着气候变化的影响日益加剧，暴雨事件预计将变得更加频繁和强烈，需要我们更加深入地了解各种类型的暴雨以及它们对不同城市环境的具体影响，从而制定更有效的应对和减灾策略。

本章按照各城市所处的地理位置和地形地貌特点，分别以沿海城市、内陆平原城市和内陆山地城市为对象，对各类城市暴雨、洪涝风险类型和特点，以及不同因素对各类城市洪涝的影响进行分析，对工程和非工程应对措施进行探讨，以期为城市洪涝风险管理提供技术支撑。

1.2.1 城市降雨特点

我国国土面积广阔，自然环境复杂多变，涵盖了沿海、内陆、山地等多种地形地貌，形成了多样化的城市类型。不同类型的城市，由于地理位置、气候条件的差异，遭遇的暴雨类型也各不相同。从沿海城市的台风暴雨到内陆城市的季节性强降水，每一种暴雨都对城市规划、基础设施建设，以及日常生活产生着重大影响。理解这些城市的暴雨特点，对于加强城市防洪减灾能力、保障人民生命财产安全具有重要意义。

1.2.1.1 沿海城市降雨特点

我国海岸线长达1.8万km，沿海海岸线跨越渤海、黄海、东海和南海海域，沿海城市的气候分布，从东北沿海的温带季风气候带到东南沿海的亚热带季风气候带，最后到华南沿海的热带季风气候带，气候变化多样，海洋水文特征也各有不同。不同沿海地区，年平均降水日有所差别，北少南多。渤海海区平均年降水日最少，南海海区最多。但是近年来，暴雨及以上级别降水（日降水量≥50mm）日数呈增多趋势。

我国沿海地区总体年平均降水量为1100mm左右，每年的夏季和秋季是我国沿海城市暴雨最为频繁的时期，主要降雨集中在5~9月，但又各有不同，渤海、黄海地区集中降雨出现在7~8月，东南沿海地区为4~9月，华南沿海地区为4~10月。其中，东南沿海地区在6月中旬到7月下旬进入梅雨季，华南地区在5月中下旬到6月中下旬进入"龙舟水"，东南沿海和华南沿海地区在7~9月进入台风季。在台风季节，夏季热带气旋活动频繁，带来的强降雨造成暴雨发生的概率大增。根据《中国极端天气气候事件和灾害风险管理与适应国家评估报告》，沿海各省受台风正面袭击的机会相差较大，我国东南、华南沿海平原区域是台风风险等级最高的区域，也是需要重点防范洪涝及次生灾害的区域。

我国东南、华南地区地理位置特殊，是我国汛期时间最长、降水量最大、雨涝最多的区域。全年暴雨日数和暴雨雨量大值区域主要分布在广东、广西、福建沿海一带及海南和广西部分地区，夏季暴雨日数和暴雨雨量最大，其次是春季，秋季海南暴雨最多，冬季暴雨集中在广东及周边沿海地区。

由于受到台风直接影响，随着全球气候变化，气温升高导致的蒸发增加和海洋表面温度上升，出现了极端降雨、海平面上升、超强台风导致的高增水等情况，直接影响到沿海城市的降雨模式，出现了更加频繁和强烈的洪涝灾害事件，导致严重的洪涝灾害。2020年5月22日，广州市黄埔区、增城区出现特大暴雨，达到全市性特别严重影响的程度，导致地铁13号线倒灌进水、全线停运。2023年9月，深圳市遭遇了超历史记录的特大暴雨，这场暴雨由台风"海葵"的残余环流、季风和弱冷空气共同影响而成，呈现"强度超强、持续时间超长、强降雨范围超大"的特点。据报道，此次降雨打破了深圳市自1952年有气象记录以来的多项极值记录。

1.2.1.2 内陆城市降雨特点

夏季强烈的日照使地面迅速加热，加热的地表使空气变暖，暖空气较轻，开始上升。随着空气上升，水汽凝结成云，当达到一定条件时，会形成对流云团，引发短时强降水，即暴雨。与沿海城市相比，内陆城市呈现明显的季节性特点，多发生在夏季和春季。暴雨雨强大、历时短、破坏性强，且往往具有很强的局部性，同一城市不同区域的降雨量可能相差很大。暴雨过程中常伴随雷电、大风、冰雹等强对流天气现象。如2024年3月31日至4月1日，江西、湖南等地出现强对流天气，局地风力达11级以上。由于对流性降水的局部性和突发性，使得暴雨的发生时间、地点和强度难以精确预测。

内陆平原城市和山地城市具有不同的生态环境和气候特点。受到地形地貌和大气环流的影响，内陆城市具有明显的地域差异。华北、东北地区的城市如北京、郑州，属于温带季风气候，冬季寒冷干燥，夏季温暖多雨。西北地区的城市如兰州、银川，属于温带干旱或半干旱气候，全年降水量较少，气候干燥。西南地区的城市如成都、昆明，成都属于亚热带湿润气候，昆明则因地处高原，具有温带高原气候特征，四季如春，降水相对集中在夏季。

1. 内陆平原城市降雨特点

我国地域辽阔，不同区域出现不同类型的暴雨，如江淮暴雨、东北暴雨、西南暴雨、华北暴雨等，暴雨产生原因也各不相同，如江淮暴雨的形成与对称不稳定、涡度场的变化及β中尺度对流线关系极大；东北暴雨的形成主要是受东北冷涡影响，气旋和切变也可能引发东北暴雨；导致西南暴雨最重要的天气系统是西南低涡，西南低涡造成的暴雨强度、频数和范围仅次于台风；对于华北地区，受迎风坡地形影响，强降水常出现在平原与四周山区的过渡地带。

华北平原本身的特点是平坦开阔，但城市周边的山脉会对暴雨的形成产生影响。湿润的气流遇到山脉时被迫上升，气流上升导致水汽凝结，形成降水。当这种情况发生在内陆平原城市附近的山脉时，可能会加剧降水强度，造成大暴雨。如郑州2021年"7·20"的特大暴雨、北京2012年"7·21"暴雨以及海河流域2023年"23·7"特大暴雨，都是在华北平原内陆地区大尺度异常环流结构再加上远距离汇聚输送的水汽，以及地形抬升影响等综合作用的结果。

2. 内陆山地城市降雨特点

内陆山地城市因其独特的地理位置和地形条件，展现出与平原城市不同的自然环境特征和气候条件。这些城市通常位于山脉、高原或丘陵地区，以地势较高、地形复杂多变为主要特点。

山地城市的降水量受地形影响较大。山脉对流动的湿润空气具有阻挡和迫使上升的作用，导致空气升高、冷却、凝结形成降水，因此山地城市的某些区域可能会有较高的年降水量。同时，山脉的不同侧面（迎风坡和背风坡）降水量也存在显著差异，迎风坡一般降水量较大。由于其独特的地形和气候条件，暴雨事件较为频繁。特别是在夏季，当湿润的季风气流遇到山脉时，极易在迎风坡形成强烈的上升气流，导致大量降水，形成暴雨。由于山地地形的影响，暴雨的空间分布具有很大的不均匀性，同一城市内不同区域的降水量差异显著。山地城市的暴雨容易引发山洪、泥石流等地质灾害，造成道路塌方、滑坡等。强降水还会导致地表径流增大，加剧水土流失，对山地城市的生态环境造成破坏。

1.2.2 城市洪涝灾害类型及特点

城市洪涝灾害作为城市面临的严重气象灾害之一，在城市化进程中备受关注。洪涝灾害的发生与城市排水系统、气象条件、地形地貌等多种因素密切相关，其类型和特点对城市管理和规划具有重要的指导意义。

1.2.2.1 沿海城市洪涝灾害类型及特点

我国沿海城市由于其独特的地理和气候条件，面临多种类型的洪涝灾害。海平面的持续升高，给沿海城市带来风险隐患。根据《2023年中国海平面公报》显示，2023年中国沿海海平面较常年（1993～2011年平均值）高72mm。暴雨叠加高海平面期发生的风暴潮，给福建、广东、广西、海南等沿海地区带来较大影响。据《2023年中国海平面公报》统计，2022年各类海洋灾害中，造成直接经济损失最严重的是风暴潮灾害，占总直接经济损失的99%。

这些灾害影响城市的正常运行和居民的日常生活，并且影响城市经济的发展。沿海城市是我国经济发达地区，据统计，沿海城市创造全国35%以上的国内生产总值。随着沿海城市人口剧增和经济迅猛发展，人为因素的影响更加强烈，相伴而生的灾害隐患不断增多。在城市发展过程中，部分城市还存在快速城市化进程中的不合理规划、排水设施建设滞后等情况，多因素叠加，导致沿海城市的洪涝灾害频发，再加上沿海城市对灾害的"放大效应"，城市脆弱性日趋增强。

1.2.2.1.1 洪涝灾害的类型

沿海城市洪涝灾害可以分为以下几种类型：

1. 暴雨型洪涝

该类型的洪涝主要是在夏季及台风季节，由于短时间内的强降雨超过城市排水能力，引发城市洪涝。这种类型的洪涝发生迅速，持续时间相对较短，但破坏力极大。主要影响城市低洼地区、排水不畅的老城区和密集建筑区，导致道路积水、交通堵塞、生活秩序混乱，增加地下管网压力，可能导致排水管网损坏。

2. 海水倒灌型洪涝

海水倒灌型洪涝主要受潮汐影响或在强台风期间，由潮汐异常或台风引起的风暴潮导致海水逆流入城市排水系统或直接漫过海岸线进入城市区域。主要影响沿海城市沿岸低洼地带，尤其是海堤、河口区域。海水直接淹没沿海地区，直接威胁居民生命财产安全，还会破坏城市排水系统，影响淡水供应系统。

3. 河流泛滥型洪涝

河流水位因长时间降雨或上游来水量增大而上升，引发洪水，超过河堤防洪能力，进入城市。该类型洪涝主要影响沿江河口城市，特别是河流下游的平原区。

4．多因素综合影响的洪涝

在极端天气条件下，沿海城市同时遭遇大暴雨、风暴潮增水、高潮位顶托、海水倒灌和河流泛滥等多种因素综合作用，覆盖范围广泛，影响城市的每个角落。在所有洪涝类型中，其破坏性最大，影响最为广泛。在当前极端天气频发的背景下，该类型洪涝灾害对沿海城市的影响逐渐增加，且呈增多趋势。

1.2.2.1.2 洪涝灾害的特点

1．频发性

近年来，全球气候变化对沿海城市产生了深远的影响，其中最显著的体现之一就是洪涝灾害的频发。沿海城市特有的气候特征和地理位置使其成为台风和暴雨的高发区。尤其是在每年的台风季节，这些城市因为特定的气候条件和地形地貌，更易遭受洪涝灾害的侵袭。台风带来的强降水和强风力，往往在短时间内导致城市防洪排涝系统超负荷运转，进而引发洪涝灾害。

2．极端性

受全球气候变暖的影响，极端天气事件的强度和频率有所增加，从而增加了沿海城市面临的洪涝灾害风险。极端降水事件的增多不仅考验城市基础设施的承受能力，还暴露出城市规划和管理中的不足。此外，极端天气的不可预测性给城市的应急管理带来巨大挑战，如何在极端天气事件前有效预警和准备，成为沿海城市亟须解决的问题。

3．复杂性

沿海城市洪涝灾害的成因是多方面的，既包括自然因素，也包括人为因素。自然因素如极端降水、海平面上升和风暴潮。人为因素则主要包括城市化进程中下垫面的剧烈变化、不合理的土地规划和利用以及排水设施建设的滞后。洪涝灾害的复杂性限制了雨水的自然渗透，增加了地表径流量，造成排水能力不足等，增加了洪涝发生的风险。

4．差异性

不同沿海城市由于其地理位置、城市布局、排水系统建设等方面的差异，面临的洪涝灾害类型和程度也有所不同。例如，一些城市可能更多地受到海水倒灌的威胁，而另一些城市则可能主要面临暴雨型洪涝的挑战。

1.2.2.2 内陆城市洪涝灾害类型及特点

1.2.2.2.1 洪涝灾害的类型

我国内陆城市由于其独特的地理环境和城市发展特性，展现出多样化的类型和特点。内陆平原城市一般位于远离海洋的广阔平原上，这些地区通常拥有较为发达的河网系统。内陆山地城市由于其独特的地理环境和地形条件，内涝灾害的形成机制、类型及特点与平原城市有所不同。山地城市通常位于山脚下或山谷中，这些地区不仅降水量大、地形复杂，而且由于人口密集和城市化进程加快，增加了洪涝发生的风险。按照洪涝灾害类型可以分为如下几种：

1. 局部暴雨型洪涝

局部暴雨型洪涝是内陆平原和山地城市最常见的洪涝类型之一，通常由短时、高强度的降雨事件引发。山地城市，由于山地地形的抬升作用，容易在山地城市上空形成对流云团，导致短时强降雨，引发局部区域的洪涝。该类型洪涝的特点是发生突然，影响范围相对集中，但可能造成被影响区域内积水深、排水难度大。

2. 河流泛滥型洪涝

河流泛滥型洪涝主要是由于持续的降雨导致内陆平原城市周边的河流水位急剧上升，超过河堤安全防护线，进而引发洪涝。这种类型的洪涝影响面广，持续时间长，给城市运行和居民生活带来极大的影响。

3. 排水系统不足型洪涝

随着城市化进程的加快，许多内陆平原城市的排水基础设施建设滞后于城市发展的需求，特别是在老城区和低洼地带，排水系统的容量无法有效应对极端天气事件，导致洪涝频发。

4. 山洪引起的洪涝

该类型洪涝主要发生在山地城市。山区强降雨易引发山洪，当山洪迅猛涌入城市时，超过城市排水系统的承载能力，形成洪涝。主要影响山洪沟道周边的城市区域，尤其是沟口附近的低洼地带。

5. 滑坡堵塞型洪涝

该类型洪涝主要发生在山地城市，由于强降雨诱发滑坡等地质灾害，滑坡堵塞河道，形成临时性堰塞湖，当堰塞体溃决时，大量积水冲入城市，引发洪涝。主要影响滑坡堵塞河道下游的城市区域。

1.2.2.2.2 洪涝灾害的特点

1. 发生频率高，防范难度大

内陆平原城市由于其地形平坦、河网密集，山地城市由于其地形和气候的特殊性，暴雨、山洪等天气事件较为频繁，加之近年来极端天气事件的增多，洪涝发生的频率较高，几乎每年夏季都会遭受不同程度的洪涝灾害，发生频率相对较高，且具有突发性和不可预测性，防范难度大。

2. 影响范围广

内陆平原城市的洪涝不仅局限于城市低洼地区，由于排水系统的整体承载能力不足，强降雨甚至能影响到相对较高的地区，造成更广泛的积水现象。

3. 持续时间长

特别是河流泛滥型洪涝，由于涉及整个水系的水位调整，其持续时间可能较长，给城市排水带来持续的压力，恢复工作困难重重。

4. 经济社会影响大

洪涝不仅影响居民的正常生活，还可能导致交通瘫痪、电力和通信中断，严重时还会影响城市的供水系统和公共卫生，造成直接或间接的经济损失。

5. 破坏性强，恢复难度大

对于山地城市来说，洪涝不仅会造成交通中断、基础设施损毁等直接影响，还可能引发或加剧其他地质灾害，如泥石流、滑坡等，造成更大的损失。由于山地城市的特殊地形条件，一旦发生洪涝，积水排除和灾后恢复工作更为复杂和困难。

综上所述，充分认识城市洪涝类型和特点，可以科学有效地防范和治理城市洪涝灾害。综合考虑这些因素，加强城市规划、排水系统建设、绿色基础设施建设等方面的工作，以确保城市在面对极端天气事件时能够更为安全、稳定地运行。

1.3 城市洪涝风险影响因素分析

城市洪涝风险形成的机理可以根据不同的因素进行分类说明。主要因素包括自然因素，如气候变化、地形地貌影响等，还包括人为因素，如城市化进程、城市规划和土地利用等。

1.3.1 自然因素

1.3.1.1 气候变化

1. 极端降雨事件的增加

城市洪涝的形成机理受到多种因素的影响，其中气候变化是一个重要的全球性因素。随着全球气温的持续上升,导致大气层中的水蒸气含量增加。据分析,气温每升高1℃,空气中的水蒸气容量将增加约7%,当降雨事件发生时,降雨量往往更大。此外,气候变化还可能改变降雨的时空分布模式,导致某些地区降雨量过于集中。如果在短时间内发生强降雨,超过城市排水系统的排水能力,就容易导致洪涝。因此频繁出现的极端强降雨事件,是造成城市洪涝的首要原因,一般城市的排水能力无法应对突如其来的大量降雨。

2. 海平面上升对沿海城市的影响

全球气候变暖还导致冰川融化和海平面上升,这为沿海城市带来洪涝风险。海平面上升不仅增加了风暴潮的风险,还可能导致海水倒灌,没有降雨的情况下也能引起城市洪涝。

3. 温度上升引发的蒸发增加

全球平均温度的上升加剧了陆地和海洋表面的蒸发速度,加速水循环,温度上升还增加了热岛效应在城市中的强度,城市中的水分也会更快地蒸发,减少地面水的有效积累,影响城市的自然冷却机制,导致城市温度提高。此外,温度上升还可能改变植物的蒸腾作用,进一步影响城市区域的水循环。

4. 气候模式变化对降水分布的影响

气候变化还可能导致全球和地区性气候模式的变化,如季风系统的变化、厄尔尼诺和拉尼娜现象的变化等。这些变化影响降水的分布和强度,可能会在原本干燥的季节或地区带来更多的降水,增加洪涝风险。

气候变化对城市洪涝风险的影响是多方面的,包括增加极端降水事件的频率和强度、海平面上升导致的额外风险,以及气温上升对水循环的影响。这要求城市规划和管理不仅要考虑当前的气候条件,还要预见和适应未来可能的变化。

1.3.1.2 地形地貌影响

城市洪涝作为一种常见的自然灾害,其发生不仅受气候条件和人类活动的影响,还深受地形地貌的制约。地形地貌作为地球表面的自然特征,决定了雨水的流向、流速以及最终的汇聚方式,从而对城市洪涝的形成、发展和消退过程产生重要影响。

地形的坡度是影响水流速度的重要因素。山区和高坡地的雨水快速汇聚到城市低洼地区,如果排水设施不能快速排出,就会形成洪涝。坡度越大,雨水流动速度越快,易于迅速汇聚成流,增加下游地区洪涝的风险。相反,平缓地区雨水流速较慢，有更多的时间渗入地下，减少地表径流。城市地势的高低决定了水流的最终汇聚区域，下游的低洼地区更容易积水形成洪涝。

城市所处地形对洪涝产生直接的影响。盆地地形的城市由于其四周高中央低，容易成为雨水汇聚的中心，如果排水不畅，极易形成洪涝。河流平原上的城市由于其地势较低且靠近水体，一旦河流泛滥或潮位上升，容易受到河道洪水的影响。山地和丘陵城市由于其地形复杂，雨水流向多变，容易形成山洪暴发，对下游地区造成威胁。

地形地貌还影响地下水的补给能力。平缓的地形有利于雨水渗透，增加地下水补给，而陡峭的地形则减少了水分渗透的机会，增加地表径流。城市化过程中，人类对自然地形的改变，如填平湿地、改道河流、建设大型地下设施，也会改变自然的水流路径和速度，加剧洪涝风险。

因此，在城市规划和排水系统设计时，应充分考虑地形地貌因素，避免在洪水易发区域大规模建设，同时合理利用地形条件引导水流，减少洪涝风险。保护和恢复城市周边的自然地形地貌，如湿地、河流、山林等，利用其天然的调节功能，减缓和分散雨水流动，降低洪涝风险。利用绿色基础设施和生态工程手段，如构建生态廊道、植被覆盖、人工湿地等，模拟自然地形，增强城市对洪涝事件的适应能力。通过合理的城市规划、因势利导，可以有效减轻地形地貌对城市洪涝的不利影响，提升城市的韧性和可持续发展能力。未来的城市发展应更加注重与自然环境的和谐共生，应对气候变化带来的挑战。

经过以上分析可以看出，城市洪涝风险的形成机理呈现多因素、多层次的特点，需要采取综合的、跨部门的应对措施。

（1）应加强气象监测和预警系统，提高降雨预测的准确性。

（2）城市规划和土地利用要注重生态恢复，合理布局建设，减少对自然环境的破坏。

（3）对城市排水系统需要进行及时的更新和维护，确保其畅通有效。

（4）通过促进城市绿地建设和水资源保护，增加城市地表的渗透性，减缓雨水径流速度。

综上所述，城市洪涝风险的形成机理涉及气象条件、城市规划和土地利用、排水系统设计和维护等多个因素，城市洪涝的形成是多因素共同作用的结果，不同类型的机理相互影响。了解这些机理有助于我们更好地预防和应对城市洪涝问题。城市洪涝风险的应对需要综合考虑以上各种因素，采取多管齐下的措施，通过科学的规划、合理的土地利用、健全的排水系统和生态环境的保护、增加城市绿地和透水表面等，减缓城市洪涝的发生频率，提高城市的抗涝能力，确保城市在极端天气事件中更加安全可靠。

1.3.2 人为因素

除了自然因素，人类活动对城市洪涝风险的影响也是非常显著的，城市规模的大小直接影响城市的洪涝特征。

1.3.2.1 城市化进程的因素

城市化进程中不合理的城市规划也是导致城市暴雨影响加剧的原因之一。城市中大量的硬质覆盖物，如建筑、道路等，降低了土地的自然渗透能力，导致雨水更容易形成径流，增加了城市的洪涝风险。合理的城市规划需要考虑水文循环和自然排水系统，以减缓暴雨过程对城市的冲击。

城市化进程通过几个关键途径影响城市洪涝风险，包括地表覆盖的改变、水文循环的干扰、排水系统的压力增加，以及城市雨岛效应的加剧。

1. 地表覆盖的改变

随着城市化进程的加速，城市地区的地面硬化现象日益严重，进而导致城市产汇流条件的变化。自然地貌和植被被道路、建筑物和其他人造结构所替代，这些硬化的表面降低了雨水的渗透能力，增加了地表径流量。自然地面，如土壤和植被，能够吸收和存储大量雨水，减缓径流速度，而城市化导致这些自然"海绵"被去除。结果是在降雨事件中，雨水迅速汇集到排水系统中，增加了洪水发生的风险。地面硬化导致的直接后果是降雨时地表径流量的增加。自然状况下，约20%的降雨会转化为地表径流，而在高度城市化的地区，这一比例可以增加到80%甚至更高。在强降雨事件中，城市地区的排水系统会面临巨大的压力，增加了洪水发生的风险。

2. 水文循环的干扰

城市化不仅改变了地表的物理特性，还干扰了本地和区域水文循环。自然状态下，水分通过植被的蒸腾作用和土壤的渗透作用进入地下水，维持地下水位和河流的基流。城市化减少了植被覆盖面积，影响蒸腾作用；同时，增加的不透水面积减少了自然渗透和地下水补给，导致更多的水流入城市排水系统和水体，而不是被自然吸收。同时由于降雨无法有效渗透地面，减少了对地下水的补给，减少了河道的流量，还对水质造成了影响。

3. 排水系统的压力增加

城市排水系统的设计和维护也是城市洪涝风险的重要方面，主要职能是有效地收集和输送城市地区的雨水径流，防止洪水的发生。然而，由于多种因素的影响，这些系统的性能往往受到限制，导致在极端降水事件下容易发生溢流，从而加剧了城市洪涝的风险。

首先，城市排水系统设计有其容量限制，目的是处理正常降雨量下的径流，然而城市化增加了雨水流入排水系统的速度和量，超过了系统设计的处理能力。

其次，许多城市排水系统是在几十年前设计和建造的，那时的城市规模、人口密度以及气候条件与现在大不相同。这些系统的设计容量通常基于历史降水数据，难以应对当前和未来的极端天气事件。例如，设计标准可能是基于 3~5 年一遇的降水事件，但随着气候变化，当前降雨事件远超当时的设计标准。

最后，城市排水系统的维护不足和设施老化也是导致性能下降的重要原因。排水管道和沟渠的堵塞、破损或腐蚀会降低系统的输送能力，排水系统的维护和更新可能跟不上城市发展的速度，导致系统性能降低，增加溢流和洪水的风险。当排水系统无法有效地处理增加的径流量时，雨水会在低洼地区、街道和地下设施中积聚，形成洪涝。

4. 城市雨岛效应的加剧

城市雨岛效应是指城市或城市化区域相比周边乡村地区降雨量更多的现象，由多种因素驱动，包括城市热岛效应、大气污染、地表覆盖改变等。城市雨岛效应对城市洪涝的影响机理复杂多样，不仅加剧了城市洪涝风险，还对城市排水系统和水资源管理提出了新的挑战。

城市地区由于建筑物和道路等人造结构的集中，吸收并积累热量，形成比周围乡村地区温度更高的"热岛"，增加了局部大气的不稳定性，促使空气上升，形成对流云，增加了降雨的可能性和强度。城市排放的气溶胶和其他污染物可以作为云凝结核，增加云的凝结效率，导致降雨量增加。此外，一些污染物还能影响云滴的大小，进而影响降雨过程。城市化改变了自然地表覆盖，减少了植被，增加了不透水面积，不仅减少了水分的蒸发和蒸腾作用，还可能改变地面的热力特性和风向，影响降雨模式。此外，城市地形如建筑群和街道布局也能影响风流模式，促进云的形成和降雨。

城市雨岛效应会导致城市地区降雨量和降雨强度增加，特别是在夏季和热浪期间，从而明显增加了城市洪涝的风险，尤其是在排水系统设计容量有限或已经老化的城市中。增加的降雨量和强度加大了城市排水系统的负担，容易导致排水系统超负荷运行，引发地表积水和洪涝。尤其是在极端降雨事件下，排水系统的设计和管理缺陷会更加显著。由于城市地面大量硬化，降低了自然地表的渗透能力，城市雨岛效应增加的降雨量更多地转化为地表径流，进一步加剧了洪涝风险。

随着我国城镇化的持续推进，为了更好地促进资源的集中利用和经济的高效发展，提高地区的整体竞争力，形成了多个城市群，如京津冀城市群、长三角城市群、珠三角城市群、成渝城市群、粤闽浙沿海城市群以及粤港澳大湾区城市群等。城市群可以提供更多的就业机会和更好的生活条件，吸引人口流入，提升地区影响力。城市群由多个城市组成，它们之间相互关联，可以从流域、区域、城市多尺度地解决城市的洪涝问题。但是快速扩张中的城市群也面临很多风险隐患，人口的高度集中对灾害也有"放大效应"。与此相反，人口减少和萎缩中的城市可能因为废弃的建筑物和未使用的基础设施而出现排水问题，增加了洪涝风险。同时，对于人口流失城市，也出现了基础设施老化、环境恶化、城市治理能力减弱、风险应对能力不足等问题。

1.3.2.2　城市规划和土地利用的因素

城市规划和土地利用是影响城市洪涝的两个重要因素。它们决定了城市的空间布局、地表覆盖类型以及水文循环过程，进而影响城市洪涝的发生、发展和消退过程。城市化进程中，大量的土地用于建设，导致自然的雨水渗透和蓄水功能减弱。城市中高楼大厦、道路、硬化的地面等阻碍了雨水的自然排水，使得雨水更容易在城市表面积聚，形成积水。不合理的城市规划和土地利用往往使得城市洪涝的风险大幅增加。本节将从城市规划和土地利用两个方面探讨其对城市洪涝影响的机理。

城市规划涉及城市空间布局的设计、土地利用类型的分配以及基础设施的建设，直接影响城市对降雨事件的响应能力。城市规划如果忽视自然地形和水文条件，如在低洼地区或河流附近盲目扩建，将直接增加洪涝的风险。此外，缺乏有效的绿地和开放空间规划，会减少城市的雨水渗透和蓄水能力，增加地表径流。

道路、桥梁和建筑物等基础设施的建设减少了自然地表的渗透面积，增加了不透水表面。若城市排水基础设施规划不足或设计不当，如排水系统容量不匹配，也将加剧洪涝风险。城市规划中绿色基础设施的缺乏，如城市公园、绿带和湿地等，会降低城市的自然调蓄和净化能力，使城市更易受到洪涝灾害的影响。

土地利用的变化，特别是城市化进程中的土地覆盖变化，对城市洪涝具有深远的影响。城市化进程中，大量农田、林地和其他自然地表被转化为住宅、商业和工业用地，这种土地利用的变化显著增加了不透水表面，减少了雨水的自然渗透，增加了地表径流量。随着城市的发展，道路、广场和建筑物的增多导致地表硬化，这不仅减少了雨水的渗透量，也加快了径流速度，短时间内向城市排水系统输送大量雨水，超过系统的处理能力。城市发展往往伴随着湿地和水体的减少或填埋，这削弱了城市的水文调节功能，降低了洪水峰值的缓冲能力。

因此在规划城市布局时，应充分考虑自然地形和水文条件，避免在洪水易发区域进行大规模开发，同时规划足够的绿地和开放空间，提升城市的自然渗透和蓄水能力。在城市规划中融入绿色基础设施，如雨水花园、绿色屋顶和渗透性铺装等，以提高城市的雨水管理能力和生态服务功能。推动多功能土地利用，减少不透水表面的比例，保护和恢复湿地等自然生态系统，提高城市对洪涝事件的适应性和韧性。根据城市发展和气候变化趋势，适时扩建和升级城市排水基础设施，确保其处理能力匹配城市雨水管理需求，并定期进行维护，保持系统的最佳运行状态。

城市的洪涝风险受到多种因素的影响，包括自然因素和人为因素，如地理位置、气候条件、城市规模、基础设施建设水平以及人口变化等。暴雨强度、持续时间和空间分布是影响洪涝形成的关键因素，需加强暴雨预警系统建设和优化城市排水系统在防控洪涝灾害中的重要性。未来的工作需要进一步研究暴雨洪涝灾情与城市化进程之间的关系，针对不同类型的城市，需要制定相应的应对策略和规划措施，通过改善城市基础设施和应急管理措施来减轻洪涝灾害的影响。

当前全球气候变化给我国城市防洪排涝体系的建设带来新的挑战，极端暴雨事件发生在任何类型的城市，都会造成外洪内涝叠加，引起严重的洪涝灾害。单一地通过加高堤防、地下管网改造、提升泵站能力等工程措施，可以应对标准内的降雨，但对于雨势迅猛、短时雨量极强的超标准极端暴雨事件，灾害难以避免。对此，可通过事前模拟、推演不同降雨条件下，尤其是超标准大暴雨的城市洪涝淹没情况和洪涝风险，按照相关法律法规要求，有针对性地规划建设城市防洪排涝体系，制定、完善预警指标和防汛管理应急响应预案，明确分工、落实责任，提升政府洪涝灾害风险综合管理和应对能力。在暴雨到来之前，实现多气象、水文、海洋、应急以及交通信息的共享，及时发布预警和提示信息，在洪涝灾害形成和发展过程中，快速指导各相关部门和市民采取合理的防范措施及应急行动，最大限度地保障生命安全，减少洪涝损失和影响。

在城市洪涝风险体系的规划和构建中，需要考虑灾害防御系统的多样化和稳健性，从流域、区域、城市层面加强水利工程设施和市政排涝设施联合调度，做好综合治水的统筹规划，防洪和洪涝统筹兼顾，强化城市的自恢复能力，加强灾害风险分担与转移能力建设，逐步适应气候变化背景下的极端天气与自然灾害。只有建成不怕淹的"韧性"城市，才有利于实现人水和谐的目标。

2

城市洪涝模型
研究进展

2.1　城市洪涝模型构成

随着城市区域性洪涝灾害发生频率的持续增加以及发展态势愈演愈烈，为了更好地应对洪涝灾害问题，开展了城市洪涝演进过程的仿真模拟研究。近年来，通过构建城市精细化数值模型来模拟洪涝演进过程及淹没范围，从而为洪涝预警预报、灾害预估以及应急响应决策支持等方面提供理论支撑已成为研究热点。目前，基于Mike Urban、InfoWorks CS、Wallingford以及SWMM等模型，开展了针对部分城市的洪涝影响研究，并形成一些代表性成果。然而，由于城市特征的高度异构性、模型精度局部概化不合理以及实测数据验证不足等因素的影响，导致数值模拟结果的准确性不高。

城市暴雨洪涝过程，本质上是城市下垫面上的降雨产汇流过程，其概化形式如图2.1-1所示。

正常情况下，降雨降落到城市下垫面上，经过蒸散发、截留、填洼、入渗等损失后，形成地表径流；地表径流经过地表坡面汇流，汇集到雨水口或者地表低洼处；雨水口附近的地表径流通过雨水口的泄流作用汇入排水管网系统中，经管网系统汇聚，并由下游排水口排出，汇入河网水系中；还有部分地表

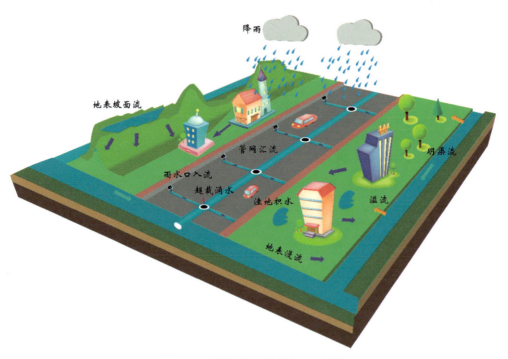

图2.1-1　城市暴雨洪涝过程示意图

径流直接汇集到河道中；进入河道的径流，经河网汇流演进，由支流汇入干流，最终流至流域出口。而当降雨超过城市排水能力时，会出现地表洪涝淹没现象。超额地表径流沿地形坡度汇聚到地表低洼处，形成局地洪涝淹没现象；此外，当排水管网系统超载后，雨水口或检查井处可能发生溢流现象，使得雨水口或检查井周围出现地表淹没现象；最后，当河网系统超载后，在堤岸薄弱处可能发生漫溢现象，造成河岸两侧地表洪涝淹没现象，并且地表洪涝淹没过程会与地表径流过程进一步混合。因此，城市暴雨洪涝过程十分复杂，且不同过程之间相互混合、同时发生，本质上难以完全分割。

由于城市暴雨洪涝过程的复杂性，自20世纪70年代起，城市暴雨洪涝模拟相关研究衍生出种类繁多、功能各异的商业软件，如HES-RAS、TUFLOW、Mike系列以及InfoWorks ICM等，但已有商业软件并不足以满足实际应用以及科研探索的需要，Bates等人提出LISFLOOD模型、梁秋华提出HiPIMS模型以及Villanueva等人提出TRENT模型等。国内研究人员也相继研发出一些具有代表性的模型，中国水利水电科学研究院程晓陶，大连理工大学金生、华南理工大学黄国如、西安理工大学侯精明以及珠江科学院宋利祥等团队也相继提出各具特色的模型。表2.1-1中总结了国内外城市洪涝模型的应用场景以及数学框架。

城市洪涝模拟代表性模型　　　　　　　表2.1-1

作者/机构	模型	应用场景	数学框架
Army Corps of Engineers（ACOE）	HEC-RAS	适用于模拟河流水流流动过程，可进行各种涉水建筑物的模拟计算	隐式有限差分法求解一维N-S方程
Halcrow	ISIS	适用于模拟明渠的水流流动过程	四点Preissmann格式求解一维N-S方程
Bates an DeRoo	LISFLOOD-FP	以栅格为基础模拟二维地表水流流动过程	显式有限差分法求解二维扩散波方程
DHI	Mike系列	模拟计算雨洪、水质以及泥沙运动等多种复杂水动力过程	六点Abbott-Ionescu有限差分格式和有限体积法分别离散一维和二维N-S方程
BMT-WBM	TUFLOW	模拟一维和二维水流的复杂水动力过程	二阶Runge-Kutta有限差分法和有限体积法分别离散一维和二维N-S方程
Électricitéde	TELEMAC	适用于模拟二维地表水流流动过程	有限元或有限体积方法离散二维N-S方程
USEPA	SWMM	可以进行排水管网模拟计算以及各种LID控制措施的分析	显式有限差分法求解运动波、动力波模型

续表

作者/机构	模型	应用场景	数学框架
Wallingford	InfoWorks ICM	模拟计算雨洪、水质以及泥沙运动等多种复杂水动力过程	隐式有限差分法和有限体积法分别离散动力波和二维N-S方程
中国水利水电科学研究院	暴雨沥涝仿真模型	耦合地表淹没与排水管网系统的模拟	显式有限差分法离散简化惯性浅水方程
中国水利水电科学研究院	IFMS/Urban	集成一维排水管网模型和二维水动力模型	显式有限差分法和有限体积法分别离散动力波和二维N-S方程
大连理工大学	HydroInfo	模拟计算雨洪、水质以及泥沙运动等多种复杂水动力过程	有限体积法离散二维N-S方程
珠江水利科学研究院	HydroMPM	模拟计算水流、水质以及泥沙等水动力及其伴生过程	有限体积法离散二维N-S方程
西安理工大学	GAST	主要用于模拟二维地表水流流动过程	有限体积法离散二维N-S方程

通过表2.1-1可以看出，部分模型只能用于河道、地表、管网演进的单一环节的模拟计算，部分模型可以集成二维模型和河道模型来进行城市洪水演进模拟，部分模型可以集成二维模型和管网模型进行城市暴雨洪涝淹没以及管网排水能力分析，但极少模型综合考虑地表产汇流、河道汇流以及管网汇流过程等全过程城市洪涝模拟计算。

在实际城市洪涝过程中，往往需要多过程、多模块之间的相互作用。水文水动力耦合模型构建至少需要考虑降雨产汇流以及水动力两个模块。依据降雨产流过程与二维水动力模型的耦合模式，可以将其分为如下所述的两种模型，分别为半分布式城市洪涝模型和全分布式城市洪涝模型。

2.1.1 半分布式城市洪涝模型

半分布式城市洪涝模型包括子汇水区产汇流、管网汇流和地表淹没等主要模块。此类模型的城市洪涝模拟过程如图2.1-2所示，将研究区域划分为子汇水区，以子汇水区来承接降雨，一部分降雨下渗入不饱和土壤中，一部分降雨在子汇水区形成地表径流，地表径流经节点汇入排水管网系统中，并由排水管网系统输送径流至排水口位置处排出。而当排水管网系统能力不足而发生溢流现象时，才驱动地表淹没模块来计算地表淹没情况。

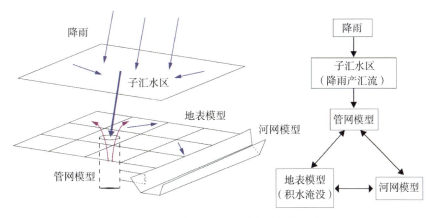

图2.1-2 半分布式城市洪涝模型结构示意图

在半分布城市洪涝模型中，子汇水区为此类模型的水文计算单元，单元内部可以分为透水、蓄水不透水以及无蓄水不透水区域。子汇水区的产流中的下渗过程，通常采用下渗曲线公式计算，如Horton公式、Green-Ampt公式以及Philip公式，其中，Green-Ampt的下渗机理是从土壤是否饱和出发，假定土壤存在湿润锋面，下渗量随着降雨过程的变化而变化，但在下渗计算过程中需要考虑较多的土壤参数；Philip下渗公式主要适用于非饱和土壤下渗计算；Horton入渗公式假定降雨开始时入渗率最大，入渗率随着降雨时间的推移不断衰减直到稳定入渗率，而且计算过程使用的土壤参数较少，较为适用于城市区域的产流计算。子汇水区的汇流过程，主要通过水文学方法计算，其中，非线性水库法计算准确性高且该方法考虑汇流的非线性特征，因而在水文学方法的汇流计算中应用较为广泛。管网汇流过程，主要方法为动力波法、扩散波法以及运动波法等，其中，动力波法能够模拟管道中各种复杂流态，使用范围比运动波法和扩散波法更广。地表淹没情况的计算，大多采用以水动力方法求解二维浅水方程来获得地表水深和流速的分布情况，包括特征线法、有限差分法、有限元法以及有限体积法等几种离散方法。

二维模型的各种数值离散方法中，特征线法符合水流的物理机制，计算精度高，但求解格式相对复杂。目前，它在数值计算过程中很少使用，主要作为其他数值方法的基础。有限差分法简便、灵活，离散的格式丰富多样，在收敛性、稳定性等理论研究方面也比较完善，但往往不能适应求解复杂的几何区域，无法较好地处理二维地表复杂边界问题。有限元法能够适应求解复杂的几何区域，并且在非恒定流模拟计算中取得一些成功应用，计算准确性较高，但使用起来没有有限差分法方便快捷，格式复杂且计算量大。有限体积法有明确的物理意义，可以处理复杂的水流流动问题，能适应复杂的求解区域，目前有限体积法得到广泛的实际应用。

上述的半分布式城市洪涝模型，是目前国内外暴雨洪涝模拟应用和研究中应用较为普遍的模式。由于SWMM模型具有代码开源、运行稳定以及功能强大等优点，已成为国内外研究者研究城市管网水流特征的首选，很多研究将地表二维水动力模型与SWMM模型耦合来开展城市暴雨洪涝模拟分析。除此之外，Mike软件中将Mike Urban与MIKE 21耦合、InfoWorks ICM中InfoWorks CS与InfoWorks 2D耦合，也都是采用这种模式来开展洪涝模拟分析。

这类半分布式的城市洪涝模拟模型，能有效减轻模型对数据资料和计算能力的需求压力，而且由于产汇流与溢流过程是分开计算的，便于进行参数率定。这种半分布式的城市洪涝模拟模型，将降雨产汇流过程和淹没过程分离成子汇水区域和地表二维淹没两个独立的过程，这种方法对于评估管网排水系统能力是十分有用的。

然而，这类半分布式的城市洪涝模拟模型，物理机制上存在一定的不足。首先，这类模型大多采用检查井为耦合点，并将地表径流量作为耦合点的入流量直接添加到管网汇流计算中，实际上，雨水井和检查井的功能有所不同，而且雨水口的泄流能力会随雨水口位置处积水变化而有所改变。其次，这类模型只有当排水系统发生超载过程时才能驱动地表二维淹没模型，并将排水系统的多余水量直接作为点源加到地表二维淹没模型中，在这个过程中没有模拟出实际洪涝过程中的涌水现象，而且地表淹没仅可能发生在排水系统漫溢点附近，这与城市暴雨产生地表积水淹没的实际过程并不相符。实际上，城市暴雨造成的洪涝淹没，不仅是由于排水系统漫溢造成的，相当多的情况是由于局部地形低洼或者排水能力不足引起的，雨水汇集速度超过排水速度，超额雨水在尚未进入排水系统前就已经蓄积在地表，从而使得局部区域出现地表淹没现象。最后，由于城市环境的下垫面复杂多变，子汇水区的划分过程往往有较大的主观性，这也是半分布暴雨洪涝模拟过程中的一个不确定因素。

2.1.2 全分布式城市洪涝模型

全分布式城市洪涝模型，主要包括地表模型、管网模型等主要模块。此类模型城市暴雨洪涝模拟过程，如图2.1-3所示，将研究区域剖分为网格，以网格单元来承接降雨，降雨下渗到不饱和土壤后顺网格地势形成地表径流，地表

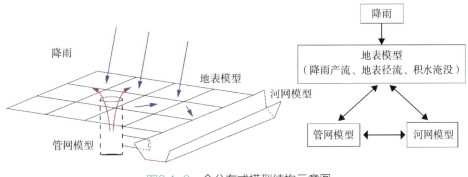

图2.1-3 全分布式模型结构示意图

径流一部分直接汇入地表，一部分经雨水口泄流到排水管网系统中，一部分积聚在地表低洼处。

在全分布城市洪涝模型中，网格为此类模型的计算单元，产流过程是将降雨及损失等作为源项添加到连续方程中，地表汇流和地表淹没过程都是通过水动力离散方法来求解二维浅水方程，从而获得地表水深和流速的分布情况。如前所述，在半分布模型中采用检查井为耦合连接点的交互模式，而在全分布式模型中，会考虑更精细化的模拟过程，以雨水口和检查井为耦合连接点，实现地表与管网系统的双向耦合交互模式。

这类全分布式的城市洪涝模拟模型，将降雨过程直接作用于网格单元上，一方面可以充分反映复杂多变的下垫面类型，另一方面地表网格既是降雨产汇流单元，也是地表积水淹没单元，因此，此类模型可以实现降雨产汇流过程和地表积水淹没过程的统一，这与实际过程相符，具有明确的物理机制，相比半分布式模型具有明显的优势。

然而，这类全分布式城市洪涝模拟模型也存在一定的不足。首先，数据要求高，在实践过程中，模型建模所需的很多基础数据难以获取，包括分辨率足够高的地形数据以及详细的节点位置、节点类型等信息。其次，降雨引起的地表径流属于薄层低速水流，干湿交替问题时有发生，求解过程可能存在结果不稳定以及收敛问题。再次，地表与管网系统的双向耦合交互模式，不仅对管网数据条件提出了更高的要求，也对雨水口和检查井周围的水流计算精度提出了更高的要求。最后，为充分反映局部地形的影响，洪涝模型建模过程中需要分辨率较高的地形数据，网格尺寸通常较为精细，精细的空间步长进一步限制了模型的计算时间步长，因而会造成较大的计算量，模型计算效率相对较低，与城市暴雨的短历时性形成一定的矛盾。

2.2 城市洪涝模型发展历程

2.2.1 降雨产流计算

产流过程是指降雨量扣除损失后形成地表径流的过程，城市洪涝的产流计算是城市洪涝模拟计算的基础环节。虽然国内外目前已开展大量有关城市产流规律的相关试验以及机理研究，但由于城市区域的下垫面复杂多变，空间分布错综复杂的透水与不透水面交织，不同功能区域的产流特性也有所差异，而且缺乏有关城市地区复杂下垫面特性的系统研究，目前开展城市区域的产流机制的探索是国内外研究的热点之一。

综观目前产流计算最常见的方法，包括径流系数法、SCS模型、新安江模型、下渗曲线法等。由于城市区域降雨历时与流域尺度相比较短，且城区区域植被覆盖率较低，植物截留、蒸发等损失微乎其微，城市透水区域的降雨损失主要以下渗损失为主，目前城市产流计算大多采用下渗曲线法来反映不同下垫面的下渗能力，包括Horton公式、Green-Ampt公式以及Philip公式。

2.2.2 地表洪涝淹没计算

城市环境在水动力学的研究中将地表区域离散为网格单元，采用求解浅水方程来描述地表洪涝淹没过程，包括地表积水的时空分布、积水点的水深变化过程以及积水历时等详细的洪涝，这种方法具有明确的物理机制，能够反映城市高度异构的下垫面特征。地表二维水动力模型离散技术，起步较早，发展相对成熟，常见的包括有限差分法、有限体积法以及有限元法等不同的求解方法。直到现在，二维浅水运动方程依然不断地被改进，新颖的求解方法层出不穷，国内外科学家依然在为二维浅水方程的求解和应用而不懈努力。目前基于非结构网格Godunov型有限体积法，由于其可以更好地适应大梯度地形变化以及自动捕捉间断而越来越多地在城市地表洪涝淹没过程中使用。

受城市地表微地形、街道以及复杂建筑物的影响，城市环境中地表水流存在各种复杂的水流流态，地表建筑物对水流的阻碍作用会影响洪水波的演进。为合理处理建筑物对地表水流流动的影响，国内外已开展大量的工作，其中Schubert等研究四种不同建筑物的概化方式对模拟结果的影响，Huang等模拟考虑建筑物的挡水和储水功能对模拟结果的影响。

除此之外，与溃坝洪水模拟相比，城市洪涝过程中降雨引起的地表水流属于薄层水流，而且城市局部微地形复杂多变，台阶以及街道房屋等过渡处容易发生高程突变，水流状态复杂，干湿边界普遍存在且频繁变换，对水动力学模型稳定性也提出了新的挑战。

2.2.3 耦合机制

将降雨产汇流过程与二维水动力模型相结合，根据两种不同的结合方式可以将城市洪涝模型分为两种类型，即半分布式城市洪涝模型和全分布式城市洪涝模型。

城市区域透水性差异划分为透水和不透水集水区，将集水区的水文模型与一维水动力管网模型耦合，其中SWMM管网模型因为开源方便快捷而受到广泛采用，这种方法是降雨产流计算后通过单位线法、非线性水库等水文学方法计算集水区地表汇流过程，并将集水区的出口流量过程作为管网系统模拟入流边界条件，这一过程没有反映出地表径流沿街道行洪现象以及雨水口集水过程。只有当管网系统中水发生漫溢时才驱动地表二维淹没模型，并将管网系统中漫溢水量通过地表二维模型计算转换为局部积水面积及水深，这一过程大多也没有反映检查井的涌水过程。这种降雨产汇流过程与地表洪涝淹没过程的结合方式，降雨产汇流过程基于集水区的水文模型计算，因此可以称为半分布式城市洪涝模型。常见的商业软件包括InfoWorks ICM以及Mike Urban，这类半分布式城市洪涝模拟模型，可以有效减轻对数据资料和计算能力的需求压力，也是目前工程应用中最为常用的模式。

随着智慧城市空间信息技术的发展，车载激光雷达、机载激光雷达等遥感技术的发展显著提高了地形数据精度，而且大数据和云计算等技术的发展也为海量的城市精细化数据的管理和分析提供了有力的技术支撑。与半分布式城市洪涝模型不同的是，全分布式城市洪涝模型将降雨直接作用于地表二维水动力模型的网格上，降雨和下渗等产流参数作为源项加入连续方程中，并直接应用动量方程进行汇流演算。这种基于直接降雨法的完全分布式模型，抛弃了集水区的概念，将降雨产汇流过程和地表淹没过程统一，具有更为明确的物理机制，可以更好地反映降雨在地表形成径流以及积水淹没的实际过程，这种方式较半分布式城市洪涝模型具有明显的优势。虽然全分布式城市洪涝模型具有明确的物理意义以及可以反映真实街道行洪现象，但在实际应用中仍然存在一些问题，二维模型采用精细化的网格计算整个研究区域的水流流动过程，模型计算速率相对较低。

而模型的过程耦合机制依据耦合时的数据是否进行双向交流可分为两类：松散耦合和紧密耦合。

松散耦合：在这种耦合方式下，一个模块的输出直接用作另一个模块的输入，而接收输入的模块不会对提供输入的模块进行反馈。这种耦合允许在时间上不必同步，仅需在空间上保持一致。也就是说，当一个模型完成模拟后，其输出数据可以作为时间序列传递给另一个模型，作为相应位置的输入。松散耦合也可以实现同步输入。

紧密耦合：紧密耦合涉及两个模型之间实时、动态的双向数据交换。这种耦合方式要求在时间上同步进行，在空间上精确对应。这意味着两个模型需要在每个时间步长上，针对所有空间耦合点上的数据进行双向的实时交流。

松散耦合提供了一种较为简单的耦合方式，允许模型间在时间上有一定的延迟，而紧密耦合则要求模型间在每个时间步上进行实时的数据同步更新。选择哪种耦合方式取决于模型的具体需求、数据交换的复杂性以及计算资源的限制。

2.3 城市洪涝模拟技术发展趋势

通过城市洪涝模拟技术可以更好地应对频发的城市区域性洪涝问题，提高城市防洪减灾能力，最大限度地降低洪涝灾害带来的损失。在洪涝灾害频发和海绵城市建设的大背景下，城市洪涝的关键问题和主要发展有以下方面：

1. 具有物理机制的精细化模拟

城市洪涝模拟技术首先要以模拟结果的准确性为基础，城市环境中的水流运动极易受到立交桥、阻水型道路、挡墙、地下空间等城市复杂构筑物等地表微地形的影响，随着高分辨基础数据可用性的提高，城市洪涝精细化模拟是城市洪涝模型发展趋势之一。精细化模拟应从两个方面入手，一方面应尽可能详尽真实地反映复杂多变的下垫面，另一方面在模拟中应详尽地反映水流在城市各种复杂构筑物上的运动过程。目前，有关城市环境中立交桥或地下空间等多层构筑物的概化模拟，臧文斌通过地表分层建模技术来实现对立交桥多层构筑物产汇流过程的真实模拟，户田圭等通过求解浅水方程，提出适用于地下空间淹没计算的"蓄水池模型"。

2. 尺度对洪涝模拟的影响

随着城市高时空分辨率地形数据的运用，不同建模尺度对城市洪涝模拟预测结果的影响受到广泛关注。城市洪涝模拟过程中选择小尺寸的网格，同时增加网格数量，也就会使计算时间明显增加，城市地区的地形复杂性和高分辨率网格的计算限制要求在细节和模型运行之间达成妥协。

在城市洪涝模拟过程中，通常使用较小的局部区域进行计算，而不是整个城市区域，这种做法的原因是为了减少相关的高计算成本。然而在洪涝过程中，城市区域通过复杂的街道、河流和排水系统相互连接，这使得局部区域模拟可能会给结果带来不可估计的模拟误差。已有研究表明，局部区域的城市洪涝模拟的预测淹没水深以及淹没面积与城市尺度相比被严重低估。这表明局部的城市洪涝模拟可能会给数值预测带来很大的不确定性，并为后期的洪涝风险评估提供错误的信息。

3. 模型的优化处理

目前国内外学者针对现有模型对现实中水流动过程概化不充分的地方已开展大量的工作，试图使其能够反映更加真实的城市环境中的水流动过程。模型的优化方法，包括建筑物和交叉口的合理概化、雨水口和检查井的合理概化以及详尽真实地反映城市下垫面，总而言之，模型的优化处理方法有很多，精细化模拟也需要高质量精细化的基础数据，精细的空间步长会进一步限制模型计算的时间步长，带来较大的数据量和计算量。而且在现实实践过程中，模型建模所需的很多基础数据往往难以获取，包括分辨率足够高的地形数据，详细的节点位置、管径以及错综复杂的管道连接关系等数据，这些数据对于大多数城市尤其是老城区来说很难获取。因此，对于模型模拟计算来说，应综合考虑模拟技巧、模拟时长和模拟时间等因素，而且对于特定的模型应用来说，应综合考虑基础资料的可用性、计算资源、时间限制以及具体计算的目标等多方面的因素。

3

城市洪涝精细化数值模型理论及方法

3.1 模型原理

一般而言，完整的城市雨洪过程包括地表产流过程、地表汇流过程和地下管网汇流过程，以及各物理过程之间的交互作用，其中地表汇流过程又包括河道汇流和坡面汇流。相对于自然流域来说，城市下垫面构成具有强烈的空间变异性，即水文和水力响应单元的空间破碎化程度高且相互作用，这极大地增加了模拟难度。城市暴雨洪涝模型（或称雨洪模型）主要起步于20世纪70年代，其中最具代表性且应用最为广泛的当属美国环境署研发的SWMM模型。SWMM模型是城市雨洪模型发展历程中的一个里程碑，它实现了地表产流、地表汇流和管网汇流三项基本物理过程的集成模拟。历经数十年发展，城市雨洪模型经历了从简单到复杂，从概念性到物理性，从不确定性到确定性，但计算成本以及对数据的要求也随之增高。随着计算机算力的不断提升以及多源高精度数据获取越来越容易，基于物理机制的机理模型正在得到广泛应用。

对应于城市降雨产汇流各物理过程，城市暴雨洪涝模型一般可以分为地表产汇流模型、河网水动力模型和管网水动力模型（图3.1-1）。其中针对城市非建成区和建成区，地表产汇流模型可以进一步分为地表产汇流水文模型和地表产汇流水文水动力模型，前者以汇水分区为计算单元，后者以尺度更小的网格为计算单元。

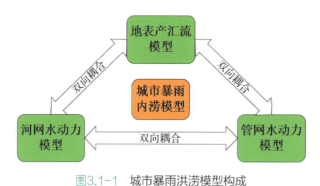

图3.1-1 城市暴雨洪涝模型构成

3.1.1 地表产汇流水文模型原理

地表产汇流水文计算方法采用分布式三水源新安江模型。三水源新安江模型是由我国著名水文学家赵人俊团队提出的一个具有世界影响力的水文模型，它采用蓄满产流的概念，具有分散式处理能力，适用于湿润和半湿润地区。模型把流域分成子单元，对每个子单元分别计算产汇流，汇总叠加后得到流域出口断面流量过程。三水源新安江模型由蒸散发、产流、分水源和汇流四个模块构成，如图3.1-2所示。

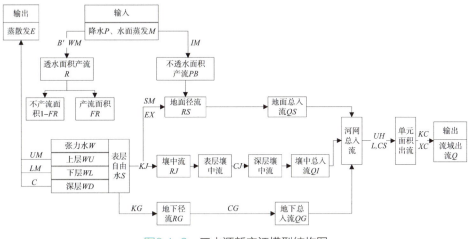

图3.1-2 三水源新安江模型结构图

1. 蒸散发模块

按土壤垂向分布的不均匀性将土层分为三层，用三层蒸散发模型计算蒸散发量，其参数包括：流域平均张力水容量WM（mm）、上层张力水容量UM（mm）、下层张力水容量LM（mm）、下层张力水蓄量WL（mm）、深层张力水容量DM（mm）、蒸散发折算系数K，深层蒸散发系数C，蒸散发强度EM。

当上层张力水蓄量足够时，上层蒸散发EU为：

$$EU = K \times EM \qquad (3.1-1)$$

当上层已干，而下层蓄量足够时，下层蒸散发EL为：

$$EL = (K \times EM - EU) \times \frac{WL}{LM} \qquad (3.1-2)$$

当下层蓄量不足，要涉及深层时，蒸散发ED为：

$$ED = C \times K \times EM \qquad (3.1-3)$$

2. 产流模块

模型的产流计算采用了蓄满产流模式，其中蓄满是指包气带的土壤含水量达到田间持水量。蓄满产流是指在降水过程中，在满足田间持水量以前不产流，所有降水都被土壤所吸收；降水满足田间持水量以后，所有降水（扣除同期蒸发量）都产流，超渗部分成为地面径流，下渗部分成为壤中流和地下径流。其概念为设想流域具有一定的蓄水能力，当满足蓄水能力后，全部降水变为径流，产流表现为蓄量控制特点。产流的蓄量控制特点解决了产流计算处理雨强和入渗动态过程的问题；而降雨径流理论关系的建立，解决了流域降雨不均匀的分布式产流计算问题。

根据蓄满产流的概念，采用张力水蓄水容量—面积分配曲线解决土壤缺水量分布不均匀的问题。张力水蓄水容量—面积分配曲线是指部分产流面积随蓄水容量而变化的累积频率曲线。应用张力水蓄水容量—面积分配曲线，可以确定降雨空间分布均匀情况下蓄满产流的总径流量，以B次方抛物线来表示。蓄水容量—面积分配曲线及其与降雨径流相互转换关系见图3.1-3。

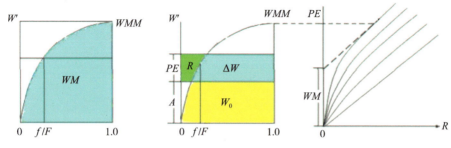

（a）流域蓄水容量—面积分配曲线　　（b）流域蓄水容量—面积分配曲线与降雨径流关系

图3.1-3　张力水蓄水容量—面积分配曲线与降雨径流关系图

产流计算公式：

$$\frac{f}{F} = \left[1 - \left(1 - \frac{W'}{WMM}\right)^B\right] \quad (3.1-4)$$

$$\frac{f}{F} = 1 - \left(1 - \frac{W'}{WMM}\right)^B$$

$$WMM = \frac{WM \times (1+B)}{1-IM} \quad (3.1-5)$$

$$A = WMM \times \left[1 - \left(1 - \frac{W_0}{WM}\right)^{\frac{1}{1+B}}\right] \quad (3.1-6)$$

式中，f为产流面积（km^2）；F为全流域面积（km^2）；W'为流域单点的蓄水量；WMM为流域单点最大蓄水量（mm）；B为蓄水容量—面积分配曲线的指数；IM为不透水面积（km^2）；WM为流域平均最大蓄水容量（mm）。

当 $PE=P-E×EM≤0$，则：

$$R=0 \quad (3.1-7)$$

在 $PE=P-E>0$ 条件下，如 $PE+A<WMM$，则：

$$R = PE - WM + W_0 + WM × \left(1 - \frac{PE+A}{WMM}\right)^{1+B} \quad (3.1-8)$$

若 $PE+A \geqslant WMM$，则：

$$R = P - E - WM + W \quad (3.1-9)$$

式中，PE 为扣除蒸散发的降雨；P 为降雨；E 为流域实际蒸散发；EM 为蒸散发能力；K 为衰减系数或调整系数；A 为蓄水容量；R 为径流量；W_0 为初始蓄水量。

3. 分水源模块

三水源的水源划分结构借鉴了山坡水文学的概念，可分为三种水源，即地面径流、地下径流和壤中流。参数为表层土自由水容量、表层自由水蓄水容量曲线的方次、表层自由水蓄水容量对地下水的出流系数及对壤中流的出流系数，所用公式为：

$$MS = SM × (1+EX) \quad (3.1-10)$$

$$AU = MS × \left[1 - \left(1 - \frac{S}{SM}\right)^{\frac{1}{1+EX}}\right] \quad (3.1-11)$$

$$RI = KI × S × FR \quad (3.1-12)$$

$$RG = KG × S × FR \quad (3.1-13)$$

式中，MS 为流域单点最大的自由水蓄水容量；SM 为表层土自由水容量；EX 为流域自由水蓄水容量—面积分配曲线的方次；KG 为流域自由水蓄水容量对地下径流的出流系数；KI 为流域自由水蓄水容量对壤中流的出流系数。

当 $PE+AU<MS$，则：

$$RS = \left[PE - SM + S + SM × \left(1 - \frac{PE+AU}{MS}\right)^{EX+1}\right] × FR \quad (3.1-14)$$

当 $PE+AU \geqslant MS$，则：

$$RS = (PE + S - SM) × FR \quad (3.1-15)$$

4. 汇流模块

汇流分为三个阶段进行：坡地汇流阶段、河网汇流阶段和河道汇流。坡地汇流是指水体在坡面上的汇集过程，坡地汇流采用线性水库方法。地表径流在坡地阶段一般时间很短，坦化可以忽略。

地面径流的坡地汇流时间不计，直接进入河网：

$$QS(t) = RS(t) \times U \quad (3.1-16)$$

表层自由水以KI侧向出流后成为壤中流，进入河网，但如果土层较厚，表层自由水尚可渗入深层土，经过深层土的调蓄作用才进入河网。深层自由水也用线性水库模拟，其消退系数为CI，计算公式为：

$$QI(t) = CI \times QI(t-1) + (1-CI) \times RI(t) \times U \quad (3.1-17)$$

地下径流的坡地汇流线性水库模拟，其消退系数为CG，出流进入河网。表层自由水以KG向下出流后，再向地下水库汇流的时间不另计，包括在CG之内，计算公式为：

$$QG(t) = CG \times QG(t-1) + (1-CG) \times RG(t) \times U \quad (3.1-18)$$

式中，U为单位转换系数；$U = \dfrac{A}{3.6\Delta t}$；$A$为流域面积（km²）；$\Delta t$为计算时段（h）。

单元面积的河网汇流是指水流由坡面进入河槽后，继续沿河网的汇集过程。在河网汇流阶段，汇流特性受制于河槽水力学条件，各种水源是一致的。河网汇流采用滞后演算法，计算公式为：

$$Q(t) = CS \times Q(t-1) + (1-CS) \times QT(t-L) \quad (3.1-19)$$

式中，$QT(t-L) = QS(t) + QI(t) + QG(t)$；$QT(t)$为$t$时刻的单元面积河网总入流；$Q(t)$为$t$时刻单元面积河网汇流；$QI(t)$为单元面积壤中总入流；$QG(t)$为单元面积地下总入流；$L$为滞后时间；$CS$为河网水流的消退系数。

3.1.2　地表产汇流水文水动力模型原理

地表产汇流水文水动力模型将地表概化为若干网格（Cell），根据网格数据生成对应的网格边（Side），如图3.1-4所示。网格和网格边分别用来构建面状和线状地物，二者具有与产汇流相关的属性信息，二者相互关联共同构成地表产汇流计算单元。

地表网格是地表二维水力学模型的基础，可采用结构或非结构网格。地表网格的属性信息包括网格高程、初始水位、糙率、网格建筑物面积占比、初损、最大下渗能力、稳定下渗能力、排水能力等。

网格边类型包括死边界、普通网格边、堤防型边、单河道型边、双河道型边等。死边界是指模型计算边界的网格边两侧的网格不存在水量交换。普通网格边的高程属性不作特殊处理，不影响网格边两侧网格正常水量交换。堤防型边用来模拟阻水型线性构筑物，其地形高程高于两侧网格。单河道型边用来模拟河道一侧的堤防信息，实现地表网格与河道单侧堤防的耦合计算。双河道型边用来模拟河道两侧堤

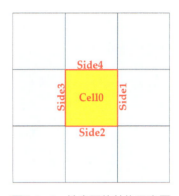

图3.1-4 地表网格结构示意图

防信息，实现河道双侧堤防与相应地表网格的耦合计算。网格边属性信息包括网格边类型、高程等信息。

地表产汇流水文水动力模型采用经验水文算法计算降雨产流过程，把降水数据插值到每个网格计算净雨，再利用水动力学方法计算地表坡面汇流过程。其基本原理如下。

1. 分布式降雨产流方法

分布式降雨产流方法采用扣损法（初损、后损）描述每个网格单元的产流过程，即：将产流过程简化为只考虑初损和后损两个水文过程，将损失量扣除后剩余的降水即为净雨。

初损主要考虑网格单元内由于植物截留、坑洼截留、尘土吸附等引起的水量损失。初损计算公式如下：

$$FI = \begin{cases} P, & P < im \\ im, & P \geq im \end{cases} \quad (3.1-20)$$

式中，FI 为初期损失水量（mm）；P 为累积降雨量（mm）；im 为最大前损量（mm），对植被网格 im 取相对较大值，对道路、广场等裸地网格 im 取相对较小值。

后损主要考虑网格单元内土壤下渗引起的水量损失。网格单元的下渗能力计算采用经典的霍顿下渗理论，霍顿下渗公式如下：

$$f_m(t) = f_c + (f_0 - f_c)e^{-kt} \quad (3.1-21)$$

式中，f_m 为实际下渗能力（mm/h）；f_0 为最大下渗能力（mm/h）；f_c 为稳定下渗能力（mm/h）；k 为下渗衰减系数；t 为下渗历时（h）。

当降雨满足最大前损量（im）时，剩余降雨参与后损计算。模型在每个

时间步长内，将地表积水与时段降雨量叠加，作为下渗水源。网格单元的后损计算方法如下：

$$R_i^t = H_i^{t-\Delta t} + P_i^{t-\Delta t,t} \qquad (3.1-22)$$

$$F_{mi}^{t-\Delta t,t} = \frac{\left[f_{mi}(t-\Delta t) + f_{mi}(t)\right]}{2} \times \Delta t \qquad (3.1-23)$$

$$FL_i^{t-\Delta t,t} = \begin{cases} F_{mi}^{t-\Delta t,t}, & F_{mi}^{t-\Delta t,t} < R_i^t \\ R_i^t, & F_{mi}^{t-\Delta t,t} \geqslant R_i^t \end{cases} \qquad (3.1-24)$$

式中，R_i^t 为编号 t 时刻第 i 个网格单元的可下渗水源深度（mm）；$H_i^{t-\Delta t}$ 为 $t-\Delta t$ 时刻第 i 个网格单元积水深度（mm）；$P_i^{t-\Delta t,t}$ 为 $[t-\Delta t,t]$ 时段第 i 个网格单元累积降雨量（mm）；$F_{mi}^{t-\Delta t,t}$ 为 $[t-\Delta t,t]$ 时段第 i 个网格单元最大可下渗量（mm）；$f_{mi}(t-\Delta t)$ 为 $t-\Delta t$ 时刻第 i 个网格单元实际下渗能力（mm/h）；$f_{mi}(t)$ 为 t 时刻第 i 个网格单元实际下渗能力（mm/h）；$FL_i^{t-\Delta t,t}$ 为 $[t-\Delta t,t]$ 时段第 i 个网格单元实际下渗量（mm）；t 为计算历时（h）；Δt 为时间步长（h）。

针对降雨产流过程，不考虑网格间水量交换，采用前损后损法的地表网格积水深度计算公式如下：

$$H_i^t = \begin{cases} 0, & H_i^{t-\Delta t} + P_i^{t-\Delta t,t} < FL_i^{t-\Delta t,t} \\ H_i^{t-\Delta t} + P_i^{t-\Delta t,t} - FL_i^{t-\Delta t,t}, & H_i^{t-\Delta t} + P_i^{t-\Delta t,t} \geqslant FL_i^{t-\Delta t,t}, \text{且} P_i^t \geqslant im \end{cases}$$

$$(3.1-25)$$

式中，H_i^t 为 t 时刻第 i 个网格单元积水深度（mm）。

传统水文方法中，仅将降雨作为下渗水源，从降雨中扣除下渗损失得到净雨，再叠加到模型中。而实际上在很多情况下，当地表没有降雨但存在积水淹没时，下渗过程依然存在且不可忽略。例如，当降雨结束后，积水地表的下渗对于退水过程的影响是不可忽略的。因此，本模型中将地表积水与时段降雨量叠加，统一作为下渗水源，可以更好地模拟计算下渗的实际过程。

2. 地表二维水动力汇流模型

（1）控制方程

地表二维水动力汇流模型的理论基础是平面二维浅水不恒定流水动力学的控制方程。该控制方程在选择不同物理量作为基本状态变量时，有不同的表达形式。当选择用以平均单宽流量 $Q(M, N)$ 和水深 H 作为基本状态变量时，则该控制方程组是由一个连续方程和分别定义在 x 与 y 方向上的两个动量方程组成。在略去扩散项和柯氏力这两项后，沿着深度方向积分的控制方程组可以写成如下的质量守恒和动量守恒形式：

$$\frac{\partial H}{\partial t}+\frac{\partial M}{\partial x}+\frac{\partial N}{\partial y}=q \quad (3.1-26)$$

$$\frac{\partial M}{\partial t}+\frac{\partial(uM)}{\partial x}+\frac{\partial(vM)}{\partial y}+gH\frac{\partial z}{\partial x}+g\frac{n^2u\sqrt{u^2+v^2}}{H^{1/3}}=0 \quad (3.1-27)$$

$$\frac{\partial N}{\partial t}+\frac{\partial(uN)}{\partial x}+\frac{\partial(vN)}{\partial y}+gH\frac{\partial Z}{\partial y}+g\frac{n^2v\sqrt{u^2+v^2}}{H^{1/3}}=0 \quad (3.1-28)$$

式中，H为水深；t为时间；x、y为平面坐标系；M与N分别为x和y方向的垂向平均单宽流量；q为连续方程中源汇项，式中表示有效降雨强度；Z为水位；u和v分别为垂向平均流速在x与y方向的分量；n为曼宁糙率系数；g为重力加速度。

基本状态变量与其他变量之间有以下转换关系：

$$Z=H+B \quad (3.1-29)$$
$$u=M/H \quad (3.1-30)$$
$$v=N/H \quad (3.1-31)$$

式中，B为地面高程。

上面两个动量方程中，第一项为加速度项，第二项和第三项为对流项，第四项为重力项，第五项为阻力项。

（2）方程离散

为了既简化计算方法，提高运算速度，又保证基本控制方程的守恒性、稳定性和较高的计算精度，在基本状态变量的离散化布置方式上，借鉴体积积分形式的显式有限差分法的优点，在网格的形心计算水深，在网格周边的通道上计算垂向平均单宽流量。这样布置的好处是，通道的走向可以与堤防等连续性的阻水建筑物走向一致，使网格布置时能更接近实际情况。计算时，水深与流量在时间轴上分层布置，交替求解，物理意义很清晰，并且有利于提高计算的稳定性，如图3.1-5所示。

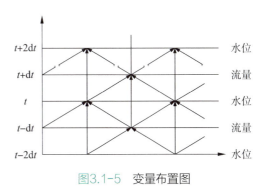

图3.1-5　变量布置图

利用基本状态变量与其他变量之间的转换关系,将水流连续方程对计算域进行面积分,可以得到以下公式:

$$\int_A \left(\frac{\partial H}{\partial t} + \nabla H \vec{u} \right) \mathrm{d}A = \int_A q \mathrm{d}A \qquad (3.1-32)$$

根据高斯定理,等式左边可以写成:

$$\int_A \frac{\partial H}{\partial A} \mathrm{d}A + \oint_l \left(H\vec{u} \cdot \vec{n} \right) \mathrm{d}l = \int_A q \mathrm{d}A \qquad (3.1-33)$$

式中,u为计算域边缘上任意一点的流速矢量;n为该点的外法线方向单位向量。令$Q = Hu \cdot n$,则Q为任意n方向垂向平均单宽流量,当n取为x和y方向的单位向量时,Q即为M和N。

当划分的网格比较小时,可以认为水深H随着时间的变化在一个网格内是一致的,这样上述公式中等号左边第一项积分里的被积函数就可以提到积分号外面。除此之外,还可以假定降雨在一个网格内是均匀分布的,上述公式中等号右边项可以写成$A \cdot q$,简化成:

$$A \frac{\partial H}{\partial t} + \oint_l Q \mathrm{d}l = Aq \qquad (3.1-34)$$

对任一K边形网格,上式等号左边第二项的线积分可以写成:

$$\oint_l Q \mathrm{d}l = \sum_{k=1}^{K} Q_k L_k \qquad (3.1-35)$$

式中,A为网格的面积;L为通道长度;下标k是对K边形网格通道的编号;Q_k是K边形网格各边上的平均单宽流速的垂向分量。这个公式的含义为:一个网格的进出水量等于此网格各个边上的法向平均流速分量与边长的乘积之和。而连续方程的含义为:网格中水量的变化量等于网格所有边上进出水量与降雨量的代数和。

对于规则网格,Q_k就是定义在通道上的x方向流速分量M和y方向流速分量N,L_k则是网格的x和y方向的两个边长D_x和D_y。所以对于规则网格来说,这个连续方程具有非常简单的形式。而在不规则网格的情况下,如果要将Q转换成M和N的形式求解,计算量较大。因为选择流量作为状态变量,并且是直接定义在通道上的,于是假定通道上的流速方向就是通道两边网格的形心的连线方向,而且忽略此连线与通道的夹角,认为它们是垂直的,所以上面的Q_k就很容易求出来。经过这些处理之后,通道上解出来的流量可以近似看作水流的法向通量,连续方程既保持了二维不恒定流计算模型的特征和有限体积法严格的质量守恒特性,又具有规则网格情况下离散格式的简练特点。但是这样处理也对网格的划分提出了一定的要求，所有网格必须划成凸多边形，而且要尽量使通道方向与它两边网格的形心连线方向成接近垂直的角度，以此减少模型因忽略它们的夹角而带来的误差。

对任意网格，设定Q流入为正，流出为负，则连续方程对网格的显式离散化形式可以写成：

$$H_i^{t+2dt} = H_i^t + \frac{2dt}{A_i}\sum_{k=1}^{K}Q_{ik}^{t+dt} + 2dt q^{t+dt} \qquad (3.1\text{–}36)$$

式中，下标i是网格的编号。

上述公式表明，当已经知道各网格T时刻的水位时，要求出$t+2dt$时刻各网格的水位，只要能合理解出各个通道上$t+dt$时刻的水流单宽通量Q即可。

运算流程可概括为：由初始时刻已知的每个网格水位，通过动量方程求得dt时刻各条通道上的单宽流量，再把结果代入连续方程求得$2dt$时刻所有网格的水位，如此不断循环计算直到结束。

（3）特殊地物处理

1）建筑物

模型支持对建筑物的多种处理方式，常用方式有如下两种。

①面积占比法

鉴于建筑物（如房屋）所在区域不参与地表坡面汇流过程，建筑物所在网格计算时采用"网格建筑物面积占比"（AXY）参数修正质量方程和动量方程，修订后的方程组如下：

$$H_i^{t+2dt} = H_i^t + \frac{2dt}{A_i(1-AXY)}\sum_{k=1}^{K}Q_{i_k}^{t+dt}L_{ik} + \frac{2dt q^{t+dt}}{1-AXY} \qquad (3.1\text{–}37)$$

$$Q_j^{t+dt} = V_j^{t+dt}H_j^t\left[1-\sqrt{\max(AXY_{j1}, AXY_{j2})}\right] \qquad (3.1\text{–}38)$$

式中，H_i^t为t时刻第i个网格的水深；H_i^{t+2dt}为$t+2dt$时刻第i个网格的水深；L_{ik}为第i个网格k号边的长度；q^{t+dt}为t至$t+dt$时间段内的降雨量；Q_j^{t+dt}为$t+dt$时刻第j个网格边流量；V_j^{t+dt}为$t+dt$时刻第j个网格边流速；H_j^t为t时刻第j个网格边水深，取左右网格水深的算术平均值；AXY_{j1}为第j个网格边左侧网格的网格建筑物面积占比；AXY_{j2}为第j个网格边右侧网格的网格建筑物面积占比。

②真实模拟法

真实模拟法并不会区别对待建筑物所在网格，而是当成一般网格进行汇流计算。真实模拟法对网格剖分要求比较高，需要沿建筑物画网格控制线，该方法适用于网格分辨率较高的情况。一般情况下，DEM数据并不包含建筑物本身的高程，因此需要额外对建筑物所在网格赋真实高程。在建筑物高程数据缺失的情况下，可以对建筑物所在网格赋比较大的高程值，以实现建筑物挡水效果。

2）线性阻水构筑物

在模拟线性连续阻水构筑物对水流影响时，把地表连续阻水构筑物（如隔离带、挡墙、堤防、道路等）概化成网格边，采用宽顶堰流公式计算流量：

$$Q_b = \varepsilon m \sigma_s \sqrt{2g} H_u^{3/2} \quad (3.1-39)$$

式中，Q_b 为网格边流量；ε 为侧收缩系数；m 为流量系数；σ_s 为构筑物过水宽度；g 为重力加速度；H_u 为堰上水头。

3.1.3 河网水动力模型原理

河道一维模型不仅要能够模拟开敞式河道的无压水流运动，而且还要能够处理盖板河所存在的无压流和有压流交替变化的情况。河道一维模型采用Preissmann窄缝法，该方法既可以计算有压流，又可以计算自由表面流以及二者之间的过渡。

1. 基本方程

河道一维水力学模型采用描述具有自由表面的浅水非恒定流的圣维南方程组，其基本控制方程为：

连续方程：

$$\frac{\partial A}{\partial t} + \frac{\partial Q}{\partial x} = q \quad (3.1-40)$$

动量方程：

$$\frac{\partial Q}{\partial t} + \frac{\partial}{\partial x}\left(\alpha \frac{Q^2}{A}\right) + gA\left(\frac{\partial y}{\partial x}\right) + gAS_f - u \cdot q = 0 \quad (3.1-41)$$

式中，A 为河道过水面积；Q 为断面流量；u 为侧向来流在河道方向的流速；t 为时间；x 为沿水流方向的水平坐标；q 为侧向来流；α 为动量修正系数；g 为重力加速度；y 为河道水位；S_f 为摩阻坡降，$S_f = \dfrac{n^2 V|V|}{R^{4/3}}$。

2. 方程离散

对基本方程在时间与空间上进行离散，见图3.1-6。

以 Y（或者 Z）表示水位，Y_m^n 代表 n 时层 m 断面的函数值，则 Y 对时间的偏微商可表示为：

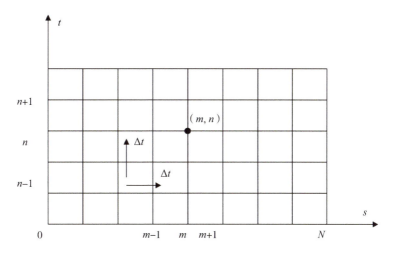

图3.1-6 基本方程离散示意图

$$\frac{\partial Y}{\partial t} \approx \frac{Y_m^{n+1} - \left[\alpha Y_m^n + \frac{1-\alpha}{2}\left(Y_{m+1}^n + Y_{m-1}^n\right)\right]}{\Delta t} \quad (3.1\text{-}42)$$

式中，$\left[\alpha Y_m^n + \frac{1-\alpha}{2}\left(Y_{m+1}^n + Y_{m-1}^n\right)\right]$是已知时间层上相邻3点的加权平均（图3.1-7）；α为加权系数，默认取值0.1。

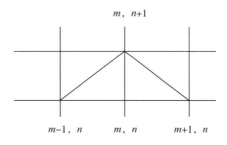

图3.1-7 加权平均示意图

Y对距离的偏微商表示为中心偏差商：

$$\frac{\partial Y}{\partial s} \approx \frac{Y_{m+1}^n - Y_{m-1}^n}{\Delta s_1 + \Delta s_2} \quad (3.1\text{-}43)$$

将上述各项代入整理可得：

$$Q_m^{n+1} = \alpha Q_m^n + \frac{(1-\alpha)}{2}\left(Q_{m+1}^n + Q_{m-1}^n\right) - \left(\frac{Q}{A}\right)_m^n \frac{\Delta t}{\Delta s}\left(Q_{m+1}^n - Q_{m-1}^n\right) \quad (3.1\text{-}44)$$

$$- gA\frac{\Delta t}{2\Delta s}\left(z_{m+1}^n - z_{m-1}^n\right) + \left(\frac{Q^2}{A^2}\right)_m^n \frac{\Delta t}{2\Delta s}\left(A_{m+1}^n - A_{m-1}^n\right) - g\Delta t\left(\frac{|Q|Q}{AC^2R}\right)_m^n \quad (3.1\text{-}45)$$

根据库朗条件可推导其稳定条件为：

$$\Delta t \leqslant \frac{\Delta s}{\left| v \pm g\sqrt{\frac{A}{B}} \right|_{\max}} \quad （3.1-46）$$

模型采用LAX格式的积分形式，对流量和水位变量采取在断面上布置流量、断面中间布置水位的方式（图3.1-8），通过差分法求得流量后，采用有限体积法对连续方程进行处理求解水位，物理意义清晰明了。

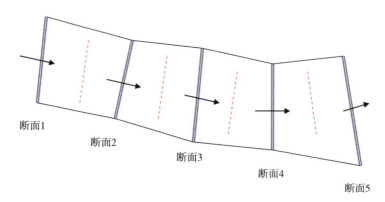

图3.1-8 变量布置图

再对断面间的控制体进行积分可得：

$$\int_x \left(\frac{\partial A}{\partial t} + \frac{\partial Q}{\partial x} \right) \mathrm{d}x = \int_x q \mathrm{d}x \quad （3.1-47）$$

上式简化为：

$$\int_x \frac{\partial A}{\partial t} \mathrm{d}x + \Delta Q = \int_x q \mathrm{d}x \quad （3.1-48）$$

离散化为：

$$\frac{\Delta A}{\Delta t} x + \Delta Q = qx \quad （3.1-49）$$

上式的ΔA可写作：

$$\Delta A = \frac{A_m^{n+1} + A_{m+1}^{n+1}}{2} - \frac{A_m^n + A_{m+1}^n}{2} \quad （3.1-50）$$

这样结合断面的具体形状数据即可求得各个Z值的变化量，也就得到下一个时间步长的各个水位值。

3. 河网处理

（1）拓扑处理

如图3.1-9所示，最简单的河网模型由三部分构成，分别是河段、断面和

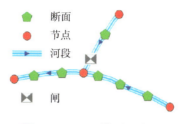

图3.1-9 河网模型示意图

节点。河段是虚拟存在的，在建模过程中起到关联其他模型要素的作用。

对于河网拓扑结构的描述，采用图的基于邻接链表法的数据结构。在图的邻接链表表示中，所有顶点节点用一个向量以顺序结构形式存储，可以随机访问任意顶点的链表，该向量称为表头向量，向量的下标指示顶点的序号，见图3.1-10。

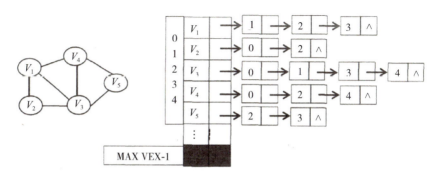

图3.1-10 无向图及其邻接链表

邻接链表具有如下特点：

1）表头向量中每个分量就是一个单链表的头节点，分量个数就是图中的顶点数目。

2）在边或弧稀疏的条件下，用邻接链表表示比用邻接矩阵表示节省存储空间。

3）在无向图，顶点V_i的度是第i个链表的节点数。

4）对有向图可以建立正邻接表或逆邻接表。正邻接表是以顶点V_i为出度（即为弧的起点）而建立的邻接表；逆邻接表是以顶点V_i为入度（即为弧的终点）而建立的邻接表。

5）在有向图中，第i个链表中的节点数是顶点V_i的出（或入）度；求入（或出）度，须遍历整个邻接表。

6）在邻接表上容易找出任一顶点的第一个邻接点和下一个邻接点。

（2）节点处理

节点位于河段两端，用于内外边界条件的计算或设置。有且仅有一条河道相连的节点为外部节点，用于设置水位或者流量边界条件。

除了外部节点，对于复杂河网结构来说，还存在大量的内部节点，即汊点。对于河流交汇的汊点，应同时满足水流连续和动量守恒。连续性要求汊点水位变化需由净流入量计算得到，而动量守恒要求汊点相连各河段在汊点处水位相等。

4. 零维水体处理

城市湖库是防洪排涝的主要蓄水工程，水库、湖泊等水体的洪水波运动为明渠渐变不恒定流。水体的洪水调度计算时，对水体水面采取水平面近似处理，忽略库区回水水面的不规则动态变化。采用水量平衡原理，构建零维模型来模拟水库、湖泊等城市水体的洪水蓄排调度过程。调蓄水体的调度基本公式是水量平衡方程式：

$$\frac{1}{2}(Q_t + Q_{t+1})\Delta t - \frac{1}{2}(q_t + q_{t+1})\Delta t = V_{t+1} - V_t \tag{3.1-51}$$

式中，Δt 为计算时段长度（s）；Q_t、Q_{t+1} 分别为 t 和 $t+1$ 时刻的入库流量（m³/s）；q_t、q_{t+1} 分别为 t 和 $t+1$ 时刻的出库流量（m³/s）；V_t、V_{t+1} 分别为 t 和 $t+1$ 时刻的水库蓄水量（m³）。

若泄洪建筑物为无闸门溢流排洪道，则下泄流量 q 的计算公式可采用：

$$q_1 = \varepsilon m B h_1 \sqrt{2gh_1} \tag{3.1-52}$$

式中，q_1 为下泄流量；ε 为侧收缩系数；m 为流量系数；B 为溢洪道宽；g 为重力加速度；h_1 为堰上水头。

若蓄滞水体为采用孔口构筑物泄流时，则 q 的计算公式为：

$$q_2 = \mu \omega \sqrt{2gh_2} \tag{3.1-53}$$

式中，q_2 为下泄流量；μ 为孔口出流系数；ω 为孔口出流面积；g 为重力加速度；h_2 为孔口中心水头。

由泄流量 q 与泄洪建筑物水头 h 的函数关系，获取泄流量 q 与库水位 Z 的关系 $q=f(Z)$。借助于"库容—水位"关系函数 $V=f(Z)$，推求排泄流量 q 与蓄水容积 V 的关系，即：

$$q = f(V) \tag{3.1-54}$$

利用上述公式可求解时段末的水库蓄水量 $Vt+1$ 和相应的出库流量 $qt+1$。前一个时段的 $Vt+1$ 和 $qt+1$ 求出后，其值即成为后一时段的 Vt 和 qt 值，使计算有可能逐时段地连续进行下去。水库调洪计算就是联解上述公式，常用的算法有试算法（迭代法）和图解法。随着计算机技术的发展，一般采用试算法编程计算。

3.1.4 管网水动力模型原理

排水管道内的流动存在明流和满流两种情况，涉及两种流态的运行以及两种流态的转换。明流（即明渠流动）属于无压流动；满流（即有压流）是指当入流水头高于管顶时管道发生的流动现象。

管网水动力模型引擎的理论基础是非恒定渐变流的动力波理论，控制方程为圣维南方程组，包括连续方程与动量方程。

动量方程：

$$\frac{\partial Q}{\partial t} + \frac{\partial (Q^2/A)}{\partial x} + gA\frac{\partial y}{\partial x} + gA(S_\mathrm{f} - S_0) = 0 \quad (3.1-55)$$

连续方程：

$$\frac{\partial A}{\partial t} + \frac{\partial Q}{\partial x} = q \quad (3.1-56)$$

式中，Q为流量；t为时间；g为重力加速度；A为水流过流的断面面积；S_f为摩阻坡度，$S_\mathrm{f} = \dfrac{n^2 V|V|}{R^{4/3}}$；$x$为流向坐标；$y$为水深；$q$为侧向来流。

管网引擎采用LINK-NODE（实质上，LINK和NODE是很多输水结构的抽象代表）的模式处理圣维南方程，即在管道（LINK）中满足动量方程，在节点（NODE）上满足连续方程，则动量方程可改写为如下形式：

$$\frac{\partial Q}{\partial t} = -gAS_\mathrm{f} + 2V\left(\frac{\partial A}{\partial t}\right) + V\left(\frac{\partial A}{\partial x}\right) - gA\left(\frac{\partial H}{\partial x}\right) \quad (3.1-57)$$

式中，V为管道中的流速；H为水头；其他含义同前。

管网引擎采用显式有限差分将圣维南方程离散在LINK-NODE体系中，在LINK上离散动量方程，在NODE上离散质量守恒方程。节点分为两种，一种是具有蓄水能力的节点，另一种是没有蓄水能力的节点，分别代表具有检修井的管道和没有检修井的管道。前者在求解连续方程上要考虑节点带来的储水效果。

经过变换及离散后得到下式：

$$Q_{t+\Delta t} = \frac{Q_t + \Delta Q_\mathrm{G} + \Delta Q_\mathrm{I}}{1 + \Delta Q_\mathrm{F} + \Delta Q_\mathrm{L}} \quad (3.1-58)$$

其中，ΔQ_G、ΔQ_F、ΔQ_I、ΔQ_L的表达式分别为：

$$\Delta Q_{\mathrm{G}} = g\overline{A}\left(Z_x - Z_{x+\Delta x}\right)\Delta t / \Delta x \quad (3.1\text{-}59)$$

$$\Delta Q_{\mathrm{F}} = gn^2\left|\overline{V}\right| / \overline{R}^{4/3} \quad (3.1\text{-}60)$$

$$\Delta Q_{\mathrm{I}} = \frac{\overline{V}^2\left(A_{x+\Delta x} - A_x\right)\Delta t}{\Delta x} + 2\overline{V}\left(\overline{A}_{t+\Delta t} - \overline{A}_t\right) \quad (3.1\text{-}61)$$

$$\Delta Q_{\mathrm{L}} = \frac{\sum_i k_i |v_i| \Delta t}{2\Delta x} \quad (3.1\text{-}62)$$

式中，g 为重力加速度；n 为管段糙率；$\overline{A}$ 是管道两端过水断面面积的平均值；$\overline{V}$ 是管段两端断面流速的平均值；Z_x、A_x 和 $Z_{x+\Delta x}$、$A_{x+\Delta x}$ 分别是管段两端的水位和过水断面面积；Δx 表示管段长度；Δt 表示时间步长；$\overline{A}_t$ 和 $\overline{A}_{t+\Delta t}$ 分别为 t 时刻与 $t+\Delta t$ 时刻管道两端过水断面面积的平均值；k_i 是局部水头损失系数。

1. 无压流的模拟

对于复杂管网，还需要补充节点水位方程，该方程离散后得到下式：

$$Z_{t+\Delta t} = Z_t + \frac{\left[\left(\sum Q\right)_t + \left(\sum Q\right)_{t+\Delta t}\right]\Delta t}{2\sum A_s} \quad (3.1\text{-}63)$$

式中，$\sum Q$ 为连接该节点所有管段流入该节点的净流量；$\sum A_s$ 为与该节点相连的所有管段对该节点的水体表面积。

之后，利用欠松弛逐次逼近算法求解。在求解过程中，默认的松弛系数为0.5，收敛容差为0.005，迭代步数设定为4。如果有特殊的计算需求，则可以修改这些默认的计算参数。

2. 有压流的模拟

如果管道内产生有压流，由于 A_s 的计算不能正确考虑管段的贡献，则上述公式不再适用。为了适应这种情况，选择一种节点连接条件，即有压流节点上的出流等于入流。这样的连续方程只包括流量，并不能得到节点的水头。但是，管网计算引擎对流量和水位的求解并不是同时进行的，因此在求解完流量方程后，严格来说对节点的这个连续方程并不完全适用。将连续方程表示成一种扰动形式，再整理得到下式：

$$\Delta H = \frac{-\sum Q}{\sum \partial Q / \partial H} \quad (3.1\text{-}64)$$

每当更新一次有压流节点的值，就会重新计算一次与节点相连的各管道内的流量值。这个过程会不断地重复，直到满足收敛条件。

3.1.5 模型耦合原理

有物理机制的城市洪涝模型主要体现在单一模型的模拟机理和模型间耦合方式遵循物理过程两个方面。上文已经详细阐述了各单一模型的模拟机理,以下具体介绍不同模型间的耦合方式及实现不同模型同步计算的方法。

基于城市水文水动力循环物理过程,不同模型间耦合方式包括河道一维模型通过河道堤防与地表二维模型耦合,管网模型通过管网排水口与河道一维模型耦合,管网模型通过雨水口、雨水检查井、排水口与地表二维模型耦合,河道一维模型与水体零维模型耦合等方面。依据城市立体空间结构,把洪涝模型物理机制连接方法分为平面耦合和竖向耦合。平面耦合是指在同一平面空间上的模型间耦合方式,竖向耦合是指模拟对象竖直方向的模型间耦合方式。

1. 平面耦合方法

根据两个耦合对象之间的平面位置关系,平面耦合进一步分为纵向耦合和侧向耦合。城市洪涝模型平面耦合结构如图3.1-11所示。

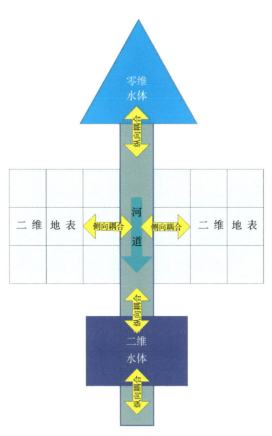

图3.1-11 城市洪涝模型平面耦合

（1）纵向耦合

城市洪涝模型涉及的纵向耦合包括河道一维模型与地表二维模型耦合、河道一维模型与水体零维模型耦合、河道一维模型与水文模型耦合、管网模型与地表二维模型耦合4种方式。

1）河道一维模型与地表二维模型耦合。采用二维水动力方法构建水体模型时，河道与水体的连接方式为纵向连接。地表二维模型向上游、下游耦合的河道一维模型传输水位数据，河道一维模型计算的流量过程传输给地表二维模型，河道一维模型与地表二维模型互为边界条件，基于"耦合节点水位相同"的假定，计算水流在两个模型之间的演进过程。这种耦合方式属于物理机制双向耦合，耦合结构如图3.1-12所示。

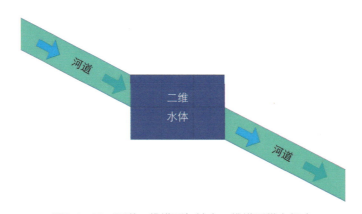

图3.1-12　河道一维模型与地表二维模型纵向耦合

2）河道一维模型与水体零维模型耦合。水体零维与河道模型的连接方式一般为纵向耦合，水体零维模型连接上下游河道时，上游河道末端流量计算结果是水体零维模型的边界输入，水体零维模型计算的水位过程又是上游河道的下边界条件。同样，水体零维模型计算的泄流过程是下游河道模型的上边界输入，下游河道计算的起点水位过程又是水库泄流计算的边界条件。水体零维模型分别与上游河道、下游河道互为边界，完全耦合计算。河道一维模型与水体零维模型纵向耦合结构如图3.1-13所示。

3）河道一维模型与水文模型耦合。有些城市河道上游地势起伏较大，且基本保持自然状态，居民和工商业较少，城市洪涝模拟的重点往往不在这些区域，河道上游的产流可以采用以小流域为计算单元的水文模型模拟。水文模型与河道模型之间的耦合方式一般为数据纵向耦合，水文模型计算的流量结果常作为河道一维模型的上边界，水文模型与河道模型纵向耦合结构如图3.1-14所示。

4）管网模型与地表二维模型耦合。管网模型与地表模型的纵向耦合主要是指管网排水口与地表网格耦合、排涝泵站与地表网格耦合2种方式。排水口与地表网格耦合：针对管网直接排入蓄滞水体过程，管网排水口连接地表二维模型，应采用纵向耦合方式。地表二维模型计算的实时水位作为管网模型的下边界条件，管网排水口处的流量过程作为地表二维模型计算的上边界条件，从而实现针对地表排水口的物理耦合，耦合结构如图3.1-15所示。排涝泵站与地表网格耦合是指有些排涝泵站或临时泵站直接抽排地表积水，泵站入口与地表网格耦合的方式。管网模型向地表模型提供泵站抽排流量数据，地表模型向泵站提供地表积水深度变化过程，耦合结构如图3.1-16所示。

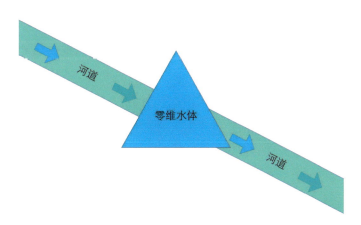

图3.1-13　河道一维模型与水体零维模型纵向耦合

图3.1-14　河道一维模型与水文模型纵向耦合　　图3.1-15　管网排水口与地表网格耦合

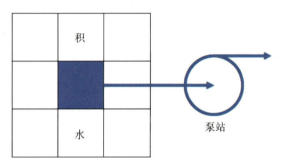

图3.1-16 排涝泵站与地表网格耦合

（2）侧向耦合

侧向耦合一般包括河道一维模型与地表二维模型耦合、河道一维模型与管网/泵站模型耦合等。

1）河道一维模型与地表二维模型耦合。河道一维模型与地表二维模型的侧向耦合是指通过河道堤防实现河道和地表水量交换的双向耦合。当河道水位超过堤防及地表网格水位，河道洪水可以漫溢至地面；当地面水位超过堤防高程和河道水位，则地表积水可汇入河道。河道一维模型与地表二维模型侧向耦合方式如图3.1-17所示。

2）河道一维模型与管网/泵站模型耦合。河道一维模型与管网/泵站模型的侧向耦合主要体现在两个方面：管道雨洪通过管网排水口直接排入河道，管网与河道双向物理耦合；泵站直接抽排管网雨洪至河道，泵站向河道传输抽排流量过程的单向排水方式。河道一维模型与管网/泵站模型的两种侧向耦合方式如图3.1-18所示。

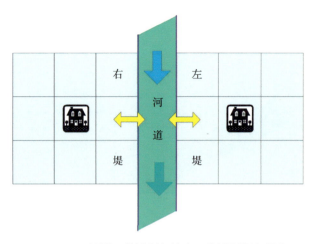

图3.1-17 河道一维模型与地表二维模型侧向耦合

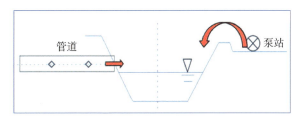

图3.1-18 河道一维模型与管网/泵站模型耦合

2．竖向耦合方法

城市洪涝模拟涉及的竖向耦合主要是指管网模型与地表模型耦合。管网模型与地表模型竖向耦合包括雨水箅子与地表模型耦合、雨水检查井与地表模型耦合两类。

（1）雨水箅子与地表模型的物理机制耦合

管网系统通过雨水箅子与地面连接，实现水量交换的双向耦合。当地表水位高于雨水箅子水位时，地表积水通过雨水箅子进入管网，入流过程采用堰流或孔流方式计算。当地表水位低于雨水箅子内部水位时，管网内水流通过雨水箅子反灌至地面，如图3.1-19所示。地表积水通过雨水箅子进入管网，随着雨水箅子处地表积水和管网内水面的变化，地面积水进入雨水箅子的方式一般可以划分为三种。地面积水较浅时，地表积水以堰流方式进入雨水箅子；随着水深增加雨水箅子上方全部被积水覆盖，入流方式变为孔口出流；当雨水箅子下方被水流充满后，则为有压流。

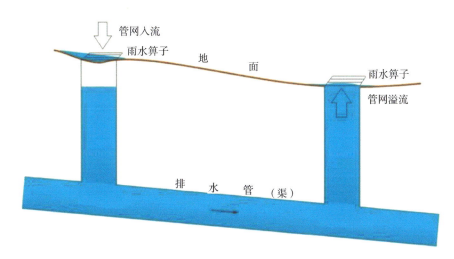

图3.1-19 雨水箅子与地表模型耦合

（2）雨水检查井与地表模型的物理机制耦合

雨水检查井与地表模型耦合是指管道洪涝水通过雨水检查井反灌地面的连接方式。地表积水不能通过雨水检查井进入管网，雨水检查井水头高于所在网格水位时，管网洪涝水可以通过雨水箅子或雨水检查井漫流至地表，出流过程采用堰流公式计算。雨水检查井与地表模型耦合方式如图3.1-20所示。

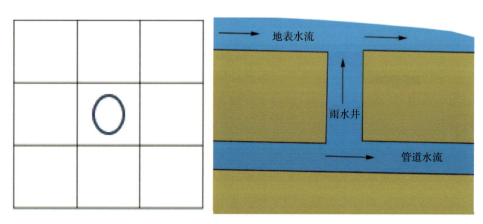

图3.1-20　雨水检查井与地表模型耦合

3.2　技术方法

3.2.1　地表水文水动力模型构建

1. 分区构建

为了提高模型的构建以及计算效率，一般对地表模型进行分区建设。分区基本上是以明渠河道为界，尽可能减少因不同分区间存在地表水量交换而带来的误差。

2. 网格剖分与拓扑构建

相对于自然流域，城市下垫面的复杂性体现在地表构筑物在空间上的剧烈变异性，这给地表产汇流的准确描述带来巨大挑战。离散化网格对下垫面反应是否真实，将决定模型计算是否能够真实刻画地表的降雨产汇流过程。因此，网格剖分是地表模型构建的基础和核心内容，网格质量的好坏将直接影响模型的准确性和稳定性。

3. 控制线

网格剖分是一个复杂的过程，本项目采用不规则网格进行剖分。在剖分网格时，需要充分考虑地形地物、防洪工程分布、河流主要参照断面、重要地点分布，以及高出地面的线状阻水或导水建筑物（公路、铁路、渠道、建筑等）等方面的影响，网格的布设要做到疏密得当。为此，绘制控制线是必不可少的工作。

在城市洪涝模型建设中，梳理合并现有的水系、堤防、道路、铁路、建筑物边界等影响水流运动的导水、挡水设施的数据图层，生成初版控制线。由于数据质量问题或某些数据图层缺失问题，基于研究区范围内的高分辨率影像，对初版控制线做必要的人工调整和补充工作。另外，对于重要的导水设施，比如低洼路段，需要两条平行边线进行控制。

基于生成的控制线，进一步生成控制点，并调整平行控制线间控制点的对应关系，以便生成高质量的贴体不规则网格，并确保网格边长被控制在10~20m。

4. 网格生成与拓扑构建

基于上述控制线、控制点系统，自动生成贴体的不规则网格，并将网格导入地表数据模型，网格根据网格形状生成相应的边，根据点—线—面空间拓扑关系构建网格与网格边之间的关系并写入数据表中，包括边与网格中心点的距离和角度等基本属性。

5. 分类管理

根据网格覆盖区域特点，把网格分为普通网格、水体网格、建筑物网格、道路网格（易积水道路网格、阻水型道路网格）等。

网格边分为死边界、普通型边、阻水型边、单河岸型边、双河岸型边、暗河型边等。考虑到线性构筑物的阻水特性，进一步把阻水型边分为马路牙子、低隔离带、高隔离带、挡水墙等。主要考虑的阻水构筑物如图3.2-1~图3.2-4所示。

图3.2-1 马路牙子

图3.2-2 低隔离带

图3.2-3 高隔离带

图3.2-4 挡水墙

6. 网格属性赋值

完成网格剖分后，利用基础地理信息等数据，为每一个网格赋属性值，包括高程、水文产流参数、排水能力、地类占比、糙率、初始水位等。

网格高程通过DEM直接赋值，在后续分析和应用过程中，需要重点关注局部微地形的高程是否合理，局部高程数据的异常将会使对汇流过程的模拟脱离实际情况，而网格数量巨大，因此对高程数据的完善将会在模型后续应用中不断进行。

对于初始水位，需要与水体面层进行叠加或直接参考高分辨率影像，除了水体面层所覆盖的网格外，一般情况下初始水位与网格高程一致。

除了高程和初始水位，其他参数的大小均与网格所覆盖地表的土地利用类型密切相关，因此，网格属性中地类占比的可靠性对其他参数的设置至关重要。为此，通过下垫面类型与网格做相交分析，计算得到地类占比并进行赋值。

3.2.2 河网水动力模型构建

河道工程数据包括河道（水系）、河道断面、河道防洪工程及调度等。

1. 河道（水系）

河道本身数据包括河道中泓线、河道堤防线两种。

（1）河道中泓线

河道中泓线数据标准化流程包括统一坐标系、河道中泓线数字化、河道分级分类、数据校核与修订等。

统一坐标系是指根据建模目标，确定统一的坐标系统。

河道中泓线数字化是指对缺乏数字信息的河道数据进行电子扫描、空间化信息数字化描述的过程，生成包括河道名称、空间走向、河段长度等信息的电子数据。

河道分级分类是指根据河道等级，对河道进行分级分类标识，包括所属等级、汇入河流、所在流域等信息。

数据校核与修订是指结合现场勘测成果和高分辨率遥感影像，对已收集的河道、水体数据进行进一步复核、修订。

（2）河道堤防线

河道堤防线数据标准化处理与河道中泓线基本一致，河道堤防线数据只是增加了堤防左右岸的信息。

2. 河道断面

（1）标准化处理流程

针对不用样式的河道断面原始数据，基于CAD智能识别法、图片智能识别法、人工判读法、GIS辅助等对河道断面进行数字化预处理；然后对预处理的断面数据从坐标系、高程基准、桩号编码方式、断面形状信息描述等方面对各河流不同来源的数据进行统一标准处理；再基于自主研发的河道断面布设工具，生成河道断面模型数据；针对需要断面加密的河段，进行插值加密处理；

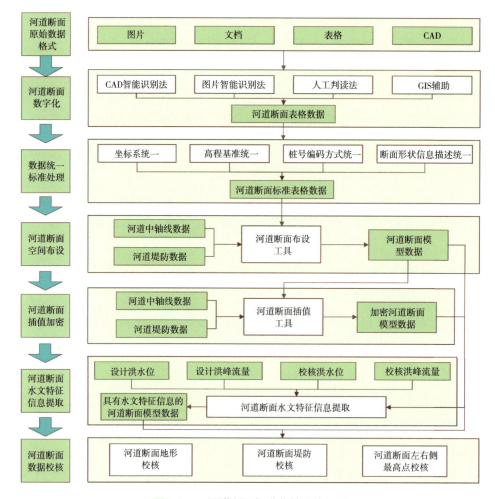

图3.2-5 河道断面标准化处理流程图

针对具有设计洪水资料的河道断面,提取相应水文特征,生成具有水文特征信息的河道断面模型数据。河道断面标准化处理流程如图3.2-5所示。

(2)河道断面预处理

河道断面数据来源较广,根据数据资料来源可分为规划设计资料与实际测量数据两类。规划设计河道断面资料可能是分段分期完成的,实际测量断面数据根据测量年份可进一步细分。当前,河道断面资料没有专门的测量与存储规范,河道断面数据存储样式繁多。早在计算机普及前,资料管理部门通常以纸质形式保存河道断面资料。当前,河道断面数据基本以电子形式存储,早前的纸质版本也已基本扫描成电子图片。根据存储类型,河道断面数据分为电子图片、纸质文档、CAD格式、表格格式等,见图3.2-6。

其中,电子图片、纸质文档、CAD格式的河道断面数据,需要进一步开展

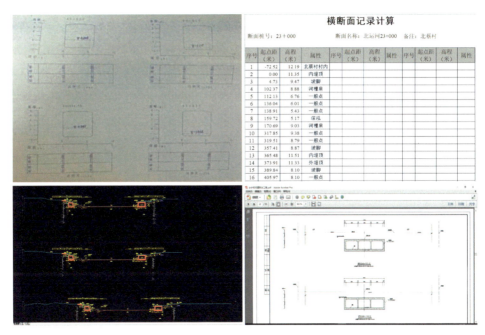

图3.2-6　河道断面数据存储格式样例

数字化预处理工作。河道断面预处理方法一般包括人工判读法、专业软件辅助判读法两类。人工判读法是最原始的河道断面数据数字化方法,费时费力,随着计算机技术发展,一些软件也可用于河道断面数据的判读。针对CAD格式的河道断面数据,可以根据河道断面数据的不同,采用GIS、ZMD等软件辅助判读,从而获取河道断面表格数据。针对质量较好的图片格式河道断面数据,可以基于图片智能法提取为表格形式。针对质量较差的图片和文档格式无法采用计算机辅助法时,须采用人工判读法。

（3）河道断面形状信息描述统一

河道断面形状信息描述统一包括坐标系统统一、高程基准统一、桩号编排方式统一、断面描述形式统一等。

1）坐标系统统一,根据建模河流数据的信息,统一为同一投影坐标系统（如2000国家大地坐标系、北京54坐标系、西安80坐标系等）。

2）根据建模需求,统一不同河道断面数据的高程坐标基准（如国家85高程基准、1956年黄海高程基准、吴淞高程基准、珠江高程基准等）。

3）河道断面桩号采用统一编码方式,编码顺序自上而下或自下而上,断面的里程数依据河道中轴线或堤防线等。

4）断面形状信息描述形式统一,采用同一X坐标、Y坐标记录方式。

（4）河道断面插值加密

经过判识后获取的河道断面表格数据还需进一步检查处理。例如，对横断面间距分析，如果横断面间距过密，如间距不足30m，适当舍弃非必需断面；横断面间距过大，如间距超过200m，该河段的横断面形状变化不大，可进行插值加密处理，否则需要补充测量。

（5）河道断面设计标准信息提取

针对具有设计洪水资料的河道断面，可以利用河道断面水文特征信息提取工具生成相应河道断面的设计和校核的洪水位、洪峰流量等特征信息，辅助河道模型计算分析。

（6）河道断面数据校核

结合现场调研或街景影像资料对断面形状进行分析，河道断面数据是否与实际一致，是否包含河道两侧的主堤，是否真实描述了河道左、右侧的最高点之间的真实地形（可能是堤防外侧的挡浪墙、小区挡墙、阻水道路等）。

3. 河道防洪工程及调度

从堤防及口门、水闸、橡胶坝等方面阐述河道防洪工程及其调度方案。

（1）堤防及口门

针对堤防工程，获取堤防的空间信息和属性信息。空间信息一般以线或面来描述，属性信息包括堤顶高程、堤顶宽度、建成年份、所在河道、所属流域等。

针对口门工程，获取口门的空间信息和属性信息。空间信息一般以线或点来描述，属性信息包括口门底高、口门尺寸、所在堤防、所在河道、所属流域等。

（2）水闸及调度方案

水闸工程标准化预处理工作包括水闸的空间位置信息和属性信息处理，其中属性信息包括闸门名称、闸孔数、单闸孔宽、闸孔、总宽、闸孔高、闸底高程、上闸室高程、下闸室高程、水闸类型、所在河道、所属流域等。根据水闸不同的调度规则，建立不同的水闸调度方法。

（3）橡胶坝及调度方案

橡胶坝工程标准化预处理工作包括水闸的空间位置信息和属性信息处理，其中属性信息包括橡胶坝名称、坝长、坝上高程、坝下高程、最大运行高程、最小运行高程、所在河道、所属流域等。橡胶坝结构化洪水调度方案与水闸类似。

3.2.3 管网水动力模型构建

在对排水设施数据标准化预处理的基础上,首先对各类数据的属性信息、拓扑关系等数据质量进行检查及修订,再对数据缺失的属性信息进行填充,处理流程见图3.2-7。

1. 数据标准化

(1) 管线标准化

排水设施管线数据包括排水管和排水渠,分别针对排水管和排水渠数据进行标准化处理。

(2) 节点标准化

排水设施节点数据包括排放口、检查井、雨水箅子等,分别针对排放口、检查井、雨水箅子数据进行标准化处理。

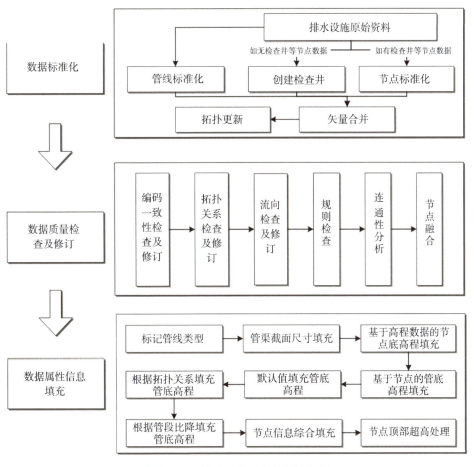

图3.2-7 排水设施业务处理流程图

（3）创建检查井

考虑到管网的数字化过程，通常可以考虑管道数据的节点为检查井数据。针对缺少检查井、雨水箅子等数据情况，利用已有管线数据拓扑关系可以直接生成检查井数据。

（4）矢量合并

对排水设施数据按线状和点状数据进行合并。把排水管、排水渠等线状数据合并为排水管线数据，把检查井、雨水箅子、排放口等点状数据合并为排水节点数据。

（5）拓扑更新

通过拓扑更新，可以生成排水管线、排水节点数据的唯一编码，对二者之间的空间信息构建关联。

2. 数据质量检查及修订

排水设施数据检查包括编码一致性检查及修订、拓扑关系检查及修订、流向检查及修订、规则检查、连通性分析、节点融合等。

（1）编码一致性检查及修订

拓扑关系的编码一致性检查包括管线重复编码检查、管线重复编码置空、节点重复编码检查、节点重复编码置空、相同编码管段检查、相同编码管段置空、重叠编码管段检查、重叠编码管段置空。

（2）拓扑关系检查及修订

拓扑关系检查及修订包括重叠管段检查、重叠管段删除、重叠检查井检查、重叠检查井删除、距离检查、距离节点属性置空、距离节点移动、环形管网检查等。先做"距离检查"，再做"重叠管段检查""重叠检查井检查"，然后做"距离节点移动"，最后做"环形管网检查"。

（3）流向检查及修订

根据排水管线与检查的拓扑关系属性信息，修订管线矢量数据的流向。

（4）规则检查

通过排水设施各类数据之间属性信息的规则，检查PipeLine、WellPoint等各类数据间的可靠性。异常值检查规则如下：

1）管段上下游管顶高＞相连检查井的顶高；

2）检查井直径＜相连管段的管宽最大值；

3）检查井顶高程＜相连管段的管顶高最大值；

4）检查井底高程＞相连管段的管底高最小值；

5）管段下游管底高＜相邻管段上游管底高；

6）管段从大管径流向小管径。

（5）连通性分析

为了确保排水管网数据的准确性，需要进行细致的人工检查，特别是针对那些无法找到出口的节点、分岔点等问题。一旦发现问题，应修改管网数据，并在必要时进行现场考察或咨询专家，以便找到并实施解决方案。

（6）节点融合

通过拓扑关系属性字段，把空间错位的管线移至检查井。

3. 数据属性信息填充

数据属性信息填充包括标记管线类型、管渠截面尺寸填充、基于高程数据的节点底高程填充、基于节点的管底高程填充、默认值填充管底高程、根据拓扑关系与管段比降填充管底高程、节点信息综合填充、节点顶部超高处理。

（1）标记管线类型

为便于对管网缺失高程信息进行填充，通过设置管线连接关系和管径阈值，把管线分为干管和支管。排水干管一般为连接2个检查井的排水管线；排水支管一般为连接雨水算子和检查井，或2个雨水算子的排水管线。

（2）管渠截面尺寸填充

管渠截面尺寸填充分为根据拓扑关系填充、根据默认值填充两种方式。

1）根据拓扑关系填充。首先填充缺失的管宽信息：如管段的管宽为0，计算与该管段相连的所有管段的夹角（干管与干管比较，支管与支管比较），取夹角最小的管段的管宽赋值给该管段。夹角计算方法：对每一根管段通过上下游节点位置计算余弦值$\cos\theta_i$，取$\min|\theta_i|$那根管段的管宽。再填充管高信息：只针对方沟的管段进行上述操作，对该管段相连的所有相连管段宽高的属性值均填充为0，即同一连通性内的管段均无原始管径。

2）根据默认值填充。通过设置排水干管、支管的默认管宽、管高信息，对已经标记管线类型的缺少截面信息的管线进行管宽、管高信息填充。

（3）基于高程数据的节点底高程填充

增加排水节点数据的地表高程字段"DEM"，通过设置排水干管、排水支管的不同埋深默认值，基于外部高程数据对排水节点缺失高程信息进行填补，包括地表网格高程数据、DEM数据等。

利用外部高程信息分别计算管段上下游高程参考值，其中：

$$节点底高程 = 地面高程 - 管段埋深 - 管高$$

管段埋深可根据管线类型（干管或支管）取不同的埋深值圆管管径为管宽值，方沟管径为管高值。

（4）基于节点的管底高程填充

利用排水节点底高程数据对排水管线缺失的管底高程信息进行填充。

（5）默认值填充管底高程

根据检查井DEM值，对进水口管段的上游底高程按默认埋深赋值。

1）干管用检查井DEM值减干管埋深后，再减去管高得到；

2）支管用检查井DEM值减支管埋深后，再减去管高得到。

（6）根据拓扑关系填充管底高程

向上游高程填充：找与该管段上游节点相连的所有管段的下游节点高程，取最小值。

向下游高程填充：找与该管段下游节点相连的所有管段的上游节点高程，取最大值。

（7）根据管段比降填充管底高程

如某一根管段只有一个上游高程或者下游高程，通过设置默认比降，计算另一个节点高程值。

（8）节点信息综合填充

综合多种数据，分析填充检查井缺失的顶高、底高、直径、面积等信息。

（9）节点顶部超高处理

通过设置检查井、雨水算子等排水节点的顶高高程超过所在地表网格高程某一阈值，筛选潜在问题排水节点数据，并提示"警告"信息，对顶部未超过地面高程的检查井、雨水算子数据，节点顶高取所在网格高程。

4．排水泵站工程及调度

（1）排水泵站工程

对排水泵站工程数据进行标准化预处理，包括泵站的空间位置信息和属性信息。其中，空间位置信息常采用点数据或线数据来描述，属性信息包括泵站名称、投运时间、机组参数、抽排能力、机组型号、泵站类型、服务范围、位置、现状等。

（2）调度方案

根据各排水泵站的调度规则编制泵站调度结构化方案，包括不同库水位条件下的下泄流量、泵站调度结构化方案等。

5. 耦合模型构建

基于上述数据处理方法，完成地表模型、河网模型、水体模型、管网模型等单过程模型的构建。由于城市地表产汇流过程非常复杂，不同物理过程模型之间存在大量的耦合节点（图3.2-8），包括：

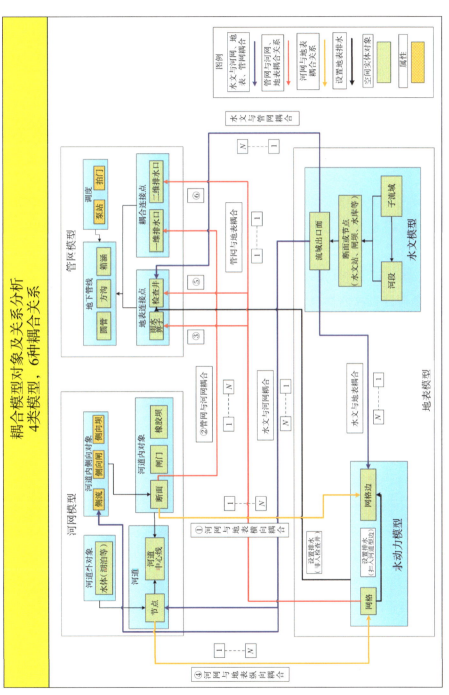

图3.2-8 耦合关系示意图

（1）地表—河网耦合

1）地表与河道侧向耦合

地表与河道侧向耦合，用于表示水流沿河岸从地表流入河道或者由河道溢流进入地表的过程，如图3.2-9所示。该耦合方法，首先需要基于空间最近位置，标识并构建地表单元边与河道断面之间的关联关系。

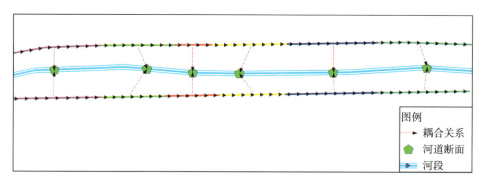

图3.2-9　地表与河道侧向耦合示意图

2）地表与河道纵向耦合

地表与河道纵向耦合，用于表示河道流入或者流出地表的过程，如图3.2-10所示。例如，如果针对湖泊构建二维水动力学模型，流入或者流出湖泊的河道构建一维水动力学模型，两者之间可以采用纵向耦合。在这种耦合方式中，首先基于空间位置识别并构建地表单元与河道节点之间的关联关系，再通过用户选择需要耦合的河道节点与对应耦合的多个网格，可自动实现河道节点与多个网格的耦合，并将耦合关系记录于库表中。

（2）地表—管网耦合

1）地表与管网竖向耦合

地表与管网竖向耦合，用于表示地表与管网之间经管网节点（雨水口或检查井）之间的水流交换过程，如图3.2-11所示。在这种耦合方式中，首先根据空间位置识别并构建每个雨水口或检查井与所在地表单元之间的对应关系。

2）地表与管网纵向耦合

地表与管网纵向耦合，用于表示管网排水口流入地表的过程，如图3.2-12所示。例如，地下排水管渠直接接入城市河湖或者蓄水池等。同样，基于空间位置关系，识别并构建地表单元与管网排水口直接的关联关系。

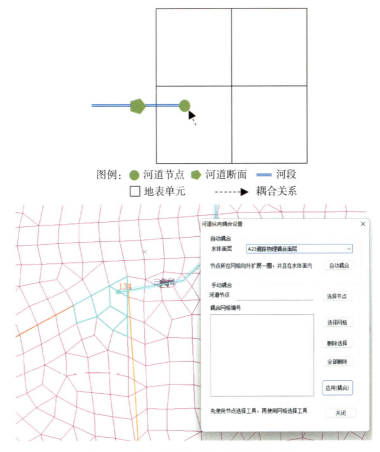

图3.2-10 地表与河道纵向耦合示意图

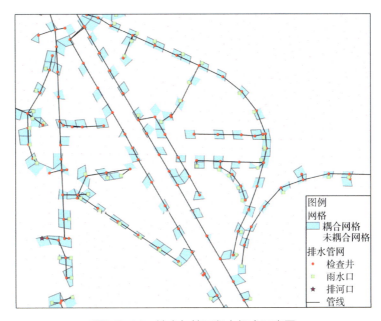

图3.2-11 地表与管网竖向耦合示意图

3 城市洪涝精细化数值模型理论及方法

（3）管网—河道侧向耦合

管网与河道侧向耦合，主要用于表示管道排入河道的过程，同时也适用于受河道高水位顶托，河道水流逆向进入管道的过程，如图3.2-13所示。同样，首先根据空间位置，识别并构建管网排水口与河道断面之间的关联关系，以排水口为基准，自动搜索距离最近的河道断面，自动填充各自库表信息，实现自动化耦合。

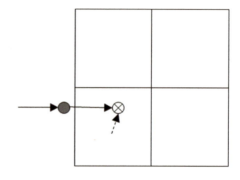

图例：⊗ 排水口　● 管网节点　→ 管线
　　　□ 地表单元　-----▶ 耦合关系

图3.2-12　地表与管网纵向耦合示意图

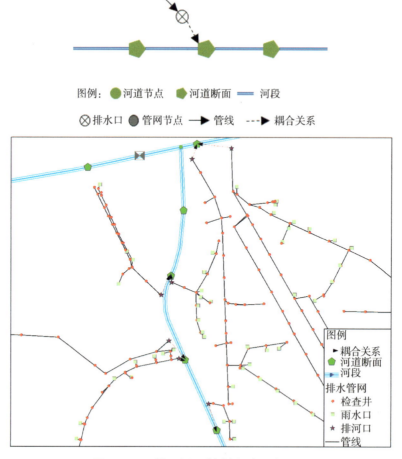

图3.2-13　管网与河道侧向耦合示意图

（4）概念耦合

当前，得益于空间测绘技术的进步和数据存储能力的提升，高精度地表数据已经能够较好地支撑城市洪涝模型应用。但是地下排水管渠数据缺失或不足，仍然是当前城市洪涝模型应用中面临的实际问题。另外，城市细小排水沟渠，尤其是地下暗涵，数据往往缺失或者质量较差。为了应对地下排水管渠或细小沟渠数据缺失或不足的情况，提出了概念耦合的方法，即根据一定的经验或就近原则，指定一部分地表网格内的雨水直接排入某些河道断面或管网节点。

如图3.2-14所示，这个耦合关系不是基于模型对象之间直接的物理联系，而是基于一定的概念化的联系。通过这种概念化关系，地表的雨水按照设定的排水能力，排入其耦合的河网或管网，从而概化模拟数据缺失的管渠的排水作用。

由于计算区域都划分成网格，因此排水分区体现为检查井与区域网格的拓扑关系，采用地表二维模型的分区以及小流域两层控制，具体如图3.2-15所

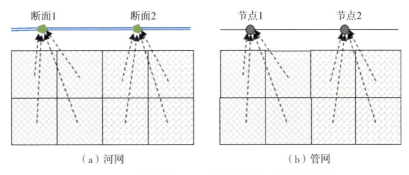

图3.2-14 地表与河网和管网之间概念耦合示意图

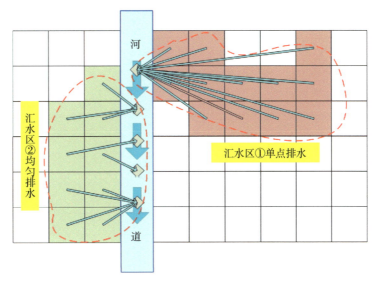

图3.2-15 基于排水能力设置的排水关系

示。在区域内检查井或断面与区域网格拓扑关系的算法如下：

1）选择区域内的某个网格单元C_i，设置C_i的检查井或断面搜索范围，以50m为迭代步骤；

2）如果C_i范围内搜索到检查井或断面，则比较C_i与搜索到的不同检查井或断面之间的距离，找到距离C_i最近的检查井或断面W_j；

3）在C_i中记录该检查井或断面的编号；

4）重复上述1）~3）过程，建立每个检查井或断面和区域网格单元的拓扑关系。

4

城市洪涝风险智能模型
基本原理及应用

城市洪涝是现代城市发展中面临的一个重大挑战，特别是在全球气候变化和城市化进程加速的背景下。随着城市的扩张，自然地表被大量的不透水面覆盖，导致雨水无法有效渗透，增加了城市洪涝风险。此外，极端气候事件的增加，如突发的暴雨，也加剧了城市洪涝的严重性。因此，准确预测暴雨和洪涝，对于减少洪涝灾害对城市的影响至关重要。

近年来，随着大数据技术的发展以及算法、算力的进步，人工智能（Artificial Intelligence，AI）技术在各个领域都有长足的发展，展示其强大的能力，在城市洪涝预测方面也得到广泛的应用。AI技术可以分析大量的历史气象数据，识别出暴雨的特征，如降雨强度、持续时间和分布等，以及它们与城市洪涝发生的关系。通过这些分析，可以预测暴雨未来的发展趋势及其可能导致的洪涝情况。

从暴雨特征分析的角度来看，AI技术能够利用机器学习模型来处理和分析大规模的气象数据集，包括卫星图像、雷达数据和地面监测站的记录。这些模型能够识别出引发洪涝的关键暴雨模式，并预测其未来的变化趋势。

在城市洪涝预测方面，AI技术能够结合城市的地形、排水系统特征以及预测的暴雨数据，模拟可能的洪水路径和深度。这有助于相关部门提前做好准备，采取应对措施。

总之，AI技术在城市洪涝管理中的应用，展现了其在灾害预测、预防和应对中的重要价值。通过从暴雨特征分析和洪涝预测两个维度的应用，AI不仅能够帮助我们更好地预测城市洪涝事件，还能够提高城市的应急响应能力和韧性。本章从这两个维度介绍城市洪涝风险智能模型的基本原理，并结合实际应用情况进行详细说明。

4.1　城市洪涝风险智能识别

暴雨的时空特性与城市洪涝分布之间存在直接的联系。这种联系不仅表现在暴雨的强度和持续时间上，还体现在其空间分布上。城市化进程导致地表不透水面积增大，改变了城市的水文特性，降低了地表下渗能力，产汇流发生变化，增加了洪涝风险。在这样的背景下，利用人工智能（AI）技术来识别当前降雨的时空特征、预测未来降雨的发展趋势，以及对城市洪涝情况进行预判，显得尤为重要。

AI技术，特别是机器学习和深度学习算法，在处理大规模数据集，包括气象数据、地形地貌数据等方面显示出卓越的能力。这些算法能够从历史降雨事件中学习，识别出暴雨的关键时空特征，进而预测未来的降雨模式。此外，结合城市下垫面的详细信息，AI技术能够预测降雨可能导致的洪涝风险区域，为城市规划和应急管理提供有价值的参考。

4.1.1 技术背景

在全球变暖的背景下，城市暴雨导致的洪涝灾害在世界范围内已经成为一个不可忽视的问题。随着城市规模的快速扩大，人口和城市经济变得越来越集中，暴雨灾害所造成的损失也被成倍放大，暴雨已成为当前影响城市建设和运行的主要灾害，城市暴雨风险管理工作水平亟待进一步提高。

在暴雨来临前对降雨的落区、量级作出预报，可为暴雨灾害防范提供科学依据。识别暴雨早期风险是城市洪涝风险管理的重要环节，通过快速识别暴雨风险，及时发布预警和提示信息，有利于快速指导救灾部门和市民做出必要的防范措施，最大限度地保障市民的生命安全，降低财产损失。当前，对暴雨风险的识别主要依赖雷达观测的临近预报，通过无线电波探测降雨云团的移动轨迹和潜在雨强，并在此基础上外推，以实现对暴雨的预报。这种技术的缺陷在于当外推时间超过2h，预报的准确性会大大降低。而对于许多城市而言，一场暴雨的持续时间可能会超过10h，仅依赖雷达的临近预报，不能满足城市洪涝风险管理的要求。

近年来，AI技术在计算机视觉、自然语言处理、机器翻译、医学成像、医疗信息处理、机器人与控制生物信息等领域已取得长足发展。机器学习作为人工智能领域的一个分支，在许多应用工程中引发了革命性的进步。AI技术在气象预报的辅助决策和一些极端灾害的识别上已经取得成功应用。同时，随着降雨数据采集和传输技术的发展以及硬盘存储成本的下降，降雨数据样本逐渐丰富。基于大量降雨样本数据，利用AI技术对降雨的时空分布进行学习、识别、预测成为可能。

本章将AI技术和机器学习算法引入暴雨灾害快速预测研究中，提出了一种针对城市暴雨灾害早期识别的方法。基于这种方法，可以利用AI技术和机器学习算法，对大城市强降雨过程进行特征提取，重构特征子空间。在该特征空间中，快速识别出与当前降雨过程最相似的历史暴雨，实现当前降雨潜在风险的快速预测。

4.1.2 基本原理

一场暴雨的时空分布特征，主要包括强降雨的范围、暴雨主要落区的移动路径、降雨量的变化、最强时段出现的时间和分布等。了解这些特征要素对于有针对性地防范暴雨对城市的冲击有重要意义，而传统方法中，仅分析代表站的雨型特征远远不够。

不同于传统的以单站或代表站降雨历时、强度、总量、降雨频率等数值来描述降雨过程，本章介绍的方法以研究范围内所有雨量站为研究对象，将降雨的时空特征用高维数组进行表达，基于AI技术和机器学习算法，对高维数组进行分析，形成低维的降雨时空分布特征子空间，并将待识别的降雨过程投影到特征空间中，识别出与当前降雨过程最相似的历史大暴雨过程。进而根据历史大暴雨过程中的洪涝积水分布，快速预测出当前降雨过程的洪涝分布情况。

具体的算法如图4.1-1所示，步骤包括：

（1）数据采集、清洗和甄别：对历史暴雨数据进行清洗和挖掘，剔除特大数和不合理的数据。

（2）降雨过程结构化，构建样本集：划分降雨场次，从时间维度和空间维度，将整场降雨过程进行切片分析。将一场降雨过程数字化，使降雨过程可量化分析，并按照特定的格式整理，形成结构化的历史暴雨样本集，全面、客观地描述和表达降雨的特征。

（3）机器学习，特征提取：对于降雨过程样本集，利用机器学习技术对历史暴雨样本集进行分析计算，剔除干扰的噪声，提取主要特征，构造特征子空间。特征子空间可以视作一个关于历史大暴雨降雨的样本库，任何一场未知的待识别降雨出现时，可以用其与样本库进行对比，以寻找样本库中最相似的一个。

（4）当一场待识别的暴雨过程出现时，形成样本，将其投影到特征子空间中，可对应于特征子空间中的一个点，特征子空间中已有的任一点对应一场历史上出现过的大暴雨。

（5）选择距离函数，利用该函数找到特征空间中与待识别降雨样本距离最近的历史大暴雨过程对应的点，从而完成待识别样本的识别。

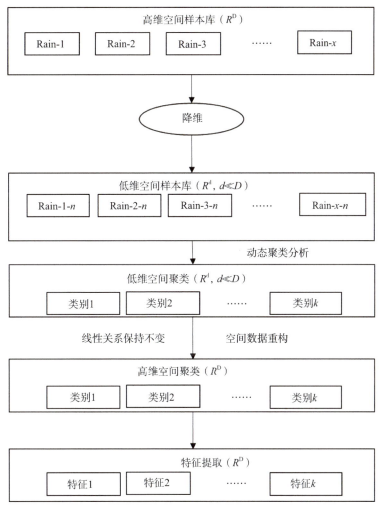

图4.1-1 方法流程图

4.1.3 模型算法

4.1.3.1 降雨过程结构化

合理的刻画和结构化，是帮助计算机AI程序分析和理解研究对象的必备前提。降雨过程结构化，能帮助计算机客观、全面地认识降雨。本章节将短时强降雨过程在时间维度和空间维度上进行切片，构建高维数组，以此数组描述短时强降雨过程的时空分布。具体的结构化处理主要过程如下：

（1）划分不同历时的降雨场次：将连续的时间序列，依据划分场次降雨的标准，划分为不同历时的场次降雨。

（2）对不同历时的各场次降雨，从时间维度和空间维度建立高维数组，如图4.1-2所示。

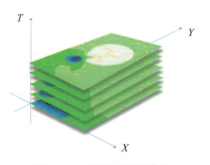

图4.1-2　降雨过程结构化

图4.1-2中，每一层代表某个时段所有站点在某个时段的降雨情况，利用这种概念，一场降雨过程就可以用点阵的方式描述，从而实现降雨过程的结构化。若一场降雨有n个时段（这个时段可以是5min，也可以是1h，或是提前设置的任意一个固定时段），就有n个点阵，形成高维矩阵。历史暴雨样本集中有N场雨，那么就有N个这样的高维矩阵（图4.1-3）。

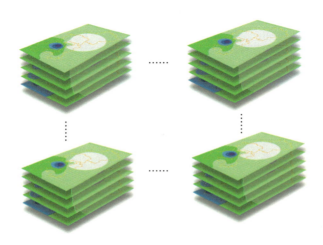

图4.1-3　结构化的历史暴雨样本库

基于该方法，建立降雨过程样本集Ω，实现了多场次降雨的结构化描述，见式（4.1-1）、式（4.1-2）。

$$\Omega = \{Q_1, Q_2, \cdots Q_N\} \quad (4.1\text{-}1)$$

$$Q_i = \begin{bmatrix} r_{11} & r_{21} & \cdots & r_{m1} \\ r_{12} & r_{22} & \cdots & r_{m2} \\ \vdots & \vdots & & \vdots \\ r_{1n} & r_{2n} & \cdots & r_{mn} \end{bmatrix} \quad (4.1\text{-}2)$$

Ω为历史暴雨样本集，包括N个暴雨场次。其中，Q_i为第i次降雨过程，r_{mn}为第m个雨量站n时刻的降雨量。

4.1.3.2 降维分析

降维是指将原始数据由维数较少的"有效"特征数据来表示,在不减少原始数据所包含的内在信息量的基础上,提取原始数据的主要特征。本章利用机器学习技术中的2D2DPCA方法对暴雨过程进行降维和特征提取,与当前更为常用的一维PCA方法相比,该方法在特征提取中表现出更好的性能,不仅能够节约计算时间,而且识别率明显提高。计算时,假设所有场次暴雨都处于一个低维线形空间,而且不同场次的暴雨在这个空间中具有可分性,对暴雨样本空间进行行和列的双向降维分析,将样本投影到空间中行和列变化最大的方向,即方差最大的方向,实现空间特征提取和特征压缩。计算步骤如下:

设X表示列向量矩阵,将大小为$m \times n$的降雨矩阵Q通过如下的线性变化直接投影到Y上:

$$Y = QX \quad (4.1-3)$$

Y称为矩阵Q的特征向量,最佳投影轴X可以根据特征向量的离散度分布情况来决定。理想的投影矩阵X应该保证投影后的结果尽量分开,即散度达到最大,以保证映射结果能够保留最大程度的信息。因此用以下标准作为衡量投影矩阵X性能的目标函数,采用的准则如下:

$$J(X) = \mathrm{tr}(S_x) \quad (4.1-4)$$

式中,S_x表示训练样本投影特征向量Y的协方差矩阵;$\mathrm{tr}(S_x)$表示S_x的离散度。矩阵S_x的定义如下:

$$\begin{aligned} S_x &= E\left\{[Y - E(Y)][Y - E(Y)]^T\right\} \\ &= E\left\{[QX - E(QX)][QX - E(QX)]^T\right\} \\ &= E\left\{[Q - E(Q)]X\{[Q - E(Q)]X^T\right\} \end{aligned} \quad (4.1-5)$$

所以:

$$\mathrm{tr}(S_x) = \mathrm{tr}\left\{X^T E\left\{[Q - E(Q)]^T [Q - E(Q)]\right\} X\right\} \quad (4.1-6)$$

式中的$E\left\{[Q - E(Q)]^T [Q - E(Q)]\right\}$正好代表样本矩阵$Q$的协方差矩阵,因此将其单独定义为$G_t$,$G_t$即代表数据矩阵$Q$的协方差矩阵。则有$N$个训练样本矩阵,$G_t$的定义如下:

$$G_t = \frac{1}{N}\sum_{i=1}^{N}(Q_i - \overline{Q})^T(Q_i - \overline{Q}) \quad (4.1-7)$$

式中，Q_i是第i个训练样本矩阵；N是训练样本的个数；$\bar{Q}$是所有训练样本的平均值；$G_l \in R^{n \times n}$。

通过计算G_l的特征向量，选择累积贡献率$\alpha=0.9 \sim 0.99$所对应的特征向量，组成投影矩阵$U=[u_1,u_2 \cdots u_k] \in R^{n \times k}$。则$F_i=Q_i \cdot U \in R^{m \times k}$，$F_i$即为样本$Q_i$在$U$方向的投影。也就是说，特征提取后只是压缩了图像矩阵列向量的位数，完成了列向量的降维，此时行向量维数不变。

以列方向投影后的新样本$F_i \in R^{m \times k}$为对象，继续构造协方差矩阵：

$$G_r = \frac{1}{N}\sum_{i=1}^{N}(F_i - \bar{F})(F_i - \bar{F})^T \quad （4.1-8）$$

其中，$G_r \in R^{m \times m}$，求G_r的特征值与特征向量，取特征值累积贡献率为$\alpha=0.9 \sim 0.99$所对应的特征向量，得到行方向的投影矩阵$V=[v_1,v_2 \cdots v_k] \in R^{m \times d}$，则$V^T \cdot F_i \in R^{d \times k}$。

至此，得到两个投影方向的最优投影矩阵U和V，则降雨样本$Q_i \in R^{m \times n}$，最终的降维矩阵为$Y_i = V^T \cdot Q_i \cdot U \in R^{d \times k}$，则每个样本$Q_i$都通过最优投影轴投影到特征子空间中。在此基础上，定义最小距离，以实现新样本的识别。

4.1.3.3 动态聚类分析

将经过降维的样本集$Y \in R^{d \times N}$（N为样本数）进行分类，划分为r个子集，各子集内的样本近似，而各子集之间的样本不同。通过求各子集的质心，提取属于该类的特征。该算法主要采用K均值动态聚类法（K-means Dynamical Clustering Algorithm）对降维后样本进行分类。

分析时，先随机选择r个样本点，作为r个子集的初始聚类中心，计算所有样本与r个初始聚类中心的距离，并把样本划分到与之距离最近的中心所在的子集中，使所有样本根据距离聚集到各个子集中，从而得到初始分类类别数以及初始子集。计算各子集所有样本的均值，得到新一代的聚类中心，再次计算所有样本与新的聚类中心的距离，聚集后得到新的聚类中心，计算各子集所有样本的均值……不断迭代，比较第p代和第$p+1$代聚类中心，如果相差在范围之内，则认为计算收敛，从而得到最终的子集及各子集的聚类中心。

该聚类方法收敛速度快，容易解释，聚类效果较好。但是该方法的聚类结果受初始聚类中心选择的影响较大。因此本章在迭代收敛后不断地比较分析，判断子集数和初始子集中心是否合理，调整子集数以及子集的初始中心，以此反复进行聚类的迭代运算，直至确定合理的空间分布特征类别数和聚类中心。计算步骤如下：

（1）分析的样本集为 $\Phi=\{Y_1, Y_2, \cdots, Y_N\}$，$Y_i$ 为低维空间中的映射点，M 为最大迭代次数，r 为初始划分的子集数，$C=\{C_1, C_2, \cdots, C_r\}$ 为 r 个子集。初始时 $C_j=\Phi$，$j=1, 2, \cdots, r$。

（2）从 Φ 中随机选取 r 个样本，作为初始 r 个子集的各中心向量 $Z_j^0=\{z_1, z_2, \cdots, z_r\}$（0 为迭代次数初始值）。

（3）对于 $n=1, 2, \cdots, N$，计算样本 Y_i 与每个聚类中心 $Z_j=\{z_1, z_2, \cdots, z_r\}$ 的距离 $d_{ij}=\|Y_i-z_j\|_2^2$，如果 $d_{ij}=\min\{d_{ij}\}$ $i=1,2,\cdots,N$，则 $Y_i \in C_j$，更新 $C_j=C_j \cup Y_i$。

（4）对于 $j=1, 2, \cdots, r$，对 C_j 中的所有样本点，重新计算中心向量 $Z_j^1=\frac{1}{C_j}\sum_{Y_i \in C_j} Y_i$。

（5）不断重复迭代，如果 $Z_j^{p+1} \neq Z_j^p$，$j=1, 2, \cdots, r$，则回到（3），重复迭代计算。如果 $Z_j^{p+1}=Z_j^p$，$j=1, 2, \cdots, r$，运算结束。

（6）输出各子集 $C=\{C_1, C_2, \cdots, C_r\}$，属于各子集的样本 $y_1^{C_i}, y_2^{C_i}, \cdots, y_o^{C_i}$（$o$ 为属于该类的样本数）以及各子集的均值 $Z_j^{p+1}=\{z_1, z_2, \cdots, z_r\}$。

4.1.3.4 时空特征空间重构

得到的各子集 $C=\{C_1, C_2, \cdots, C_r\}$ 以及各子集的均值 Z_j^{p+1} 并不是所求的特征空间，而是降维后数据集的特征空间。本章所用的 LLE 算法（一种非线性降维算法）认为高维空间和低维空间局部线性关系保持不变，高维空间中的样本 x_i 与其周围样本的线性关系，与其在低维空间中的映射点 y_i 及其周围对应样本的局部线性关系相同。因此，在低维空间中属于同一个子集的样本，在高维空间中也具有相似性。

即，在低维空间中的各子集 $C=\{C_1, C_2, \cdots, C_r\}$ 中的样本，在高维空间中也分别属于同一子集 $B=\{B_1, B_2, \cdots, B_r\}$。在高维空间中求各子集的均值 $S_j=\frac{1}{B_j}\sum_{x_i \in B_j} x_i$，$x_i \in R^D$，为高维空间中各类的聚类中心，即为属于该类样本的动态时空分布特征。

4.1.3.5 时空动态特征识别及匹配

对于即将到来的降雨，通过以上算法投影到时空特征空间中，按照特征空间中距离最小原则，识别出与历史降雨时空特征空间中距离最小的样本，即与当前降雨时空特征最为相似的历史降雨过程。该识别出的历史降雨样本对应的洪水过程，就是当前预报降雨的洪水预报结果：

$$\min\left[d_{2D}\left(Y_l; Y_n\right)\right] = \min\left(\left\|Y_l - Y_n\right\|_2\right) \quad (4.1-9)$$

式中，Y_l 是待识别样本的特征矩阵；Y_n 是历史降雨样本的特征矩阵。

4.1.4 实际案例

为了进一步说明该算法，以深圳市为例进行暴雨时空特征的提取和暴雨风险的早期识别。

深圳市的多年平均降雨量为1935mm，短历时暴雨多发，尤其是在4月和5月，强对流引发的短历时暴雨经常会给城市造成冲击，造成严重的城市洪涝。深圳市降雨充沛，具备机器学习最重要的条件——降雨场次样本多，且样本类型多样，非常适合机器学习技术的应用。

因此以深圳市为例，利用机器学习方法对海量降雨数据进行聚类分析，总结短历时暴雨的动态时空分布特征，在此基础上重构时空特征空间并进行特征匹配，以实现暴雨风险的智能早期识别。该算法可以充分展示机器学习方法在降雨特征提取上的能力，有助于进一步拓展人工智能相关技术在城市灾害应急管理领域的应用。

4.1.4.1 研究范围

深圳市位于华南沿海，在过去40年中经历了非常快速的城市化进程，下垫面变化剧烈。深圳市多年平均降雨量为1935mm，短历时暴雨多发，经常造成严重的城市洪涝，有时甚至会造成人员伤亡。为了加强对暴雨的监测，深圳市布设了100余个自动气象站，其中部分站点已经积累了超过10年的降雨资料。本章选取深圳市范围的63个自动气象站近12年5min间隔降雨资料作为分析样本。

4.1.4.2 数据的清洗和甄别

在实际的监测降雨数据中,可能会受监测设备或者人为影响,出现非常不合理的数据,导致不能分析出合理的结果,或者根本不会出结果。因此在做分析之前,需要对实际的监测降雨数据进行清洗和甄别,剔除不合理的数据。数据清洗流程如下:

(1)单站5min降雨量超过10mm,且孤立存在,该站前后30min都没有降雨,则认为是不合理的记录。

(2)某站5km×5km范围内的雨量站监测数据为0,而该站5min降雨量超过10mm,则认为是不合理的记录。对于单站不合理的记录,查阅并对比同时次的雷达图,若确认数据属于不合理,则将其删除,并用该站5km×5km范围内其他雨量站插值结果代替该站不合理的记录。

在对深圳市降雨时空分布特征进行分析学习之前,需要对其进行合理的刻画和结构化。首先对降雨资料划分场次,并筛选出短历时暴雨过程作为样本。由于各地区降雨特征不同,目前对于降雨场次的划分并没有一个统一的标准。因此,本章根据深圳市实际降雨情况,分别选择30min~24h,5min降雨量小于0.1mm,则认为无有效降雨的标准划分降雨场次,并以单站场次总雨量大于100mm为标准,筛选出大暴雨过程。筛选出的结果与气象部门的历年统计资料核实确认。其中,4h间隔无降雨划分出的降雨场次与气象公报中记载的典型暴雨和大暴雨过程最吻合。

划分好降雨场次以后,从中筛选单个雨量站1h雨量超过50mm且单个雨量站场次累积雨量大于100mm的降雨过程,为一次暴雨过程。按照上述标准和流程,共筛选出短历时强降雨过程231场。分别对不同降雨历时下的降雨场次进行统计,如表4.1-1所示。

深圳市短历时强降雨场次统计 表4.1-1

降雨历时时长 t(min)	降雨场次(场)	百分比(%)
$t \leq 180$	178	77.06
$180 < t \leq 360$	48	20.78
$t > 360$	5	2.16
合计	231	100.00

从表4.1-1可以看出，深圳市短历时强降雨过程，降雨历时在180min以内的降雨场次共有178场，占整个统计样本数的77.06%。也就是说，深圳市短时强降雨历时基本在180min之内，因此选取3h以内的暴雨过程作为短历时暴雨的样本。

4.1.4.3 识别结果

针对划分出来的短历时暴雨样本，选择6场降雨作为待识别样本，其余作为训练样本，这6场降雨是随机选出来的。利用本章提出的算法，进行暴雨过程的识别。本章对于识别出来的暴雨过程，以暴雨场次的总历时、单站最大雨量、环流形势等作为评价标准，以评判识别出来的历史暴雨过程与待识别样本的相似性。

在识别待识别样本时，首先以识别样本的前1/4历时、前1/3历时和前1/2历时降雨过程为对象，将其投影到历史暴雨样本库中进行识别，找到对应的历史暴雨样本，再以完整的降雨过程为对象进行识别，找到与完整识别样本对应的历史暴雨样本。试验表明，基于前1/4历时降雨过程识别出的历史暴雨样本与基于完整的降雨过程识别结果有出入，而基于前1/3历时和前1/2历时降雨过程的识别结果及基于完整的降雨过程的识别结果是一致的。也就是说，利用本章提出的方法，当前降雨完成整场降雨历时的1/3时，就可以通过识别当前的降雨过程，找到历史上与之最接近的暴雨过程，从而快速预测出该场降雨的后续降雨过程，以实现暴雨风险的早期识别。识别结果如表4.1-2所示。

识别结果对照表　　　　　　　　表4.1-2

序号	组名	降雨开始时间	降雨结束时间	降雨总历时（h）	单站最大雨量（mm）	环流形势
1	A1	2008/6/15	2008/6/19	89.3	178.6	西南季风和低压槽影响
	B1	2008/8/5	2008/8/8	77.7	236.9	台风
2	A2	2012/7/23	2012/7/26	84.2	422.7	台风
	B2	2013/8/13	2013/8/17	101	351.8	台风
3	A3	2013/7/24	2013/7/29	114.8	256.4	受热带辐合带影响
	B3	2011/6/28	2011/7/2	98.8	324.1	西南季风
4	A4	2013/6/14	2013/6/16	56.8	105.9	热带低压
	B4	2013/8/2	2013/8/4	53.3	137.7	台风

续表

序号	组名	降雨开始时间	降雨结束时间	降雨总历时（h）	单站最大雨量（mm）	环流形势
5	A5	2013/6/21	2013/6/25	89.8	292	受热带风暴和西南季风影响
	B5	2017/6/16	2017/6/19	74.2	241.8	受西南季风影响
6	A6	2009/5/22	2009/5/25	68.9	358.1	受南海热带扰动
	B6	2008/6/6	2008/6/8	63.5	384.5	受西南气流和低压槽影响

注：A组——待识别样本；B组——识别结果。

从表4.1-2可以看出，识别出的历史降雨在降雨总历时、单站最大雨量、环流形势等指标上与待识别降雨有相当一致的地方。尤其是在环流形势上，6个待识别样本中，有3个（组2、组4和组5）找到了与之相似的历史样本，表明即使不用看大尺度天气图，只是根据地面降水的实际观测结果，也有可能找到与待识别样本相似的环流形势。另外，试验结果表明，不同的环流形势，也可以产生在量级、落区分布等"表现"上基本近似的降雨过程。

以测试结果中的第4组为例，在2013年6月14日，当深圳市降雨开始出现约19h后，即可做出准确判断，发出事中提示，告诉暴雨灾害风险的管理者，这场降雨最终可能持续50h以上，最大雨量可能达到100mm以上，而这些信息对于暴雨的防灾应急管理是至关重要的。

4.1.4.4 结论

本章介绍了一种基于AI技术和机器学习的暴雨风险早期识别的方法，利用这种方法，暴雨灾害的防灾管理人员可以当前已完成的部分降雨时段为对象，识别出历史上与当前已完成的降雨过程最相似的暴雨过程，以该历史暴雨过程为参考，快速预测当前降雨后半段的降雨过程的可能持续时长、影响范围、累积雨量量级等，从而实现暴雨风险的早期识别。试验表明，当降雨前1/3历时及降雨完成后，这种方法即可较准确地识别出整场雨。

本章中提出的技术分析方法，在业务应用中仍可能存在一定的不确定性。例如，在实际的暴雨过程中很难提前知道这场降雨最终会持续多少时长，因此也无法知道前1/3的时段是多少，但动态识别是解决这个问题的可能解决方案。例如固定每小时识别一次，直到识别结果相对稳定，如持续3h以上不变，即认为这是最终识别结果——根据测试，当降雨时段达到全过程的1/3后，识别结果会相对稳定。

最后需要特别指出，本方法仅以深圳市近12年的降雨资料为分析样本，样本库中的历史暴雨样本相对较少，识别出的结果可能具有一定的不确定性。未来可收集整理更长序列的降雨资料，进一步补充完善数据样本，以得到更加全面完整的分析结果。另外，通过识别历史暴雨样本预测当前降雨的后半段的降雨过程时，可结合雷达回波图、气象云图等气象数据，可在分析尺度、深度等方面进一步提高识别暴雨早期风险的准确性。

4.2　AI和数值模型相结合的城市洪涝智能预测

4.2.1　技术背景

随着全球气候环境的变化，极端降雨出现的频率越来越高，城市洪涝灾害频发。随着我国城镇化建设的快速发展，极端降水及其伴生的次生灾害所造成的损失也被成倍放大。北京、广州、深圳、武汉等多个城市均发生过较大的洪涝灾害。2021年7月20日，郑州市遭遇极端大暴雨灾害，暴雨引起地铁、地下隧道雨水倒灌，道路、桥区积水严重，造成重大人员伤亡和财产损失。当前，大暴雨引起的洪涝已经成为影响城市运行、居民生活的城市型水灾害。城市洪涝防治对保障国家水安全、支撑社会经济可持续发展具有重要的科学价值和战略意义。提前预知、预判、预防城市洪涝风险，及时发布预警信息，指导市民生活，保障人民群众生命财产安全，是城市洪涝风险管理工作中迫切需要解决的问题。

当前城市洪涝风险分析主要采用数值模型，包括水文学模型、水动力学模型，以及水文水动力学模型。这些模型各有优缺点：水文学模型计算效率高，但不能计算洪水演进过程；水动力学模型可以计算网格内的流速、水深等水力要素，但其计算效率较低；水文水动力学模型采用水文模型与二维水动力模型进行耦合，不仅可以保证模型精度，还具有良好的计算效率，是洪涝模型研究的热点方向。学者们从水文、水动力学的角度，对地表模型、河道模型以及地下管网模型的耦合机制进行了深入的研究，并取得丰硕的研究成果。黄国如、陈文杰等提出水文水动力耦合模型（Integrated Hydrology and Hydrodynamics Urban Flood Model，IHUM），将一维SWMM模型与二维水动力模型进行耦合；刘家宏、梅超等提出通过雨水算子将片区水文模型与排水系统水动力模型进行耦合；臧文斌从水文学和水动力学两个方面研究了模型机理嵌套模拟方法，从地表排水、地表与河道连接两个方面研究了模型间耦合机制。这些方法均将基于水文学方法计算的汇水区出口流量过程作为排水管网入流条件，实现了分布式水文模型与水动力模型直接动态双向耦合，可以兼顾模型的精度和计算效率。徐宗学等将水文学模型和水动力学模型作为一个整体统筹考虑，对控制方程联立求解，这种耦合模式在机理上最为完善，但联立求解方程组的难度较大。

随着耦合算法的发展以及基础数据质量的提高，水文水动力学模型对城市洪涝模拟的精度也越来越高，是当前城市洪涝风险的主要分析方法。但是随着城市的发展，地表、河道、管网耦合情况越来越复杂，模型的网格尺寸越来越小，网格量巨大，在巨大的网格量上进行十分复杂的计算，会消耗庞大的计算资源。虽然近几年出现了超级计算机等硬件以及GPU并行计算等技术手段，数值模拟计算速度有了提升，但是依然无法满足城市防汛应急时效上的需求。因此，有必要寻找一种全新的方法，可以对当前暴雨条件下城市洪涝的风险情况进行快速分析，提前预判暴雨洪涝风险，及时调度人员物资，降低洪涝风险。

近十几年，人工智能（AI）技术在计算机视觉、自然语言处理、机器翻译、机器人与控制生物信息等领域已取得长足发展。目前，AI技术在气象预报的辅助决策和一些极端灾害的识别上初步获得了成功应用，在多个城市的水资源管理、供排水厂的调度等"智慧水务"的应用中也很广泛。卷积神经网络模型（Convolutional Neural Networks，CNN），初步应用在对洪水演进以及道路积水的识别中，但是该算法对计算机算力及训练样本的要求都很高，推广应用难度较大。

人工神经网络技术离不开大量的高质量数据样本的训练。实际上，无论是降雨的场次，还是实测的洪涝积水数据，从质量和数量上都远不能满足该技术对样本的需求，这就限制了人工神经网络技术在城市洪涝风险预测中的有效应用。如何将人工神经网络技术引入训练样本数量少、标注数据少的暴雨—洪涝场景中，在暴雨样本较少的情况下，快速预测下垫面洪涝积水，是需要重点关注且亟待解决的问题。另外，人工神经网络模型的算法种类繁多，如何从中选择运算速度快、预测准确率高的算法，对暴雨—洪涝进行快速预测，也是一个需要探索和研究的问题。

反馈式神经网络模型，即BP（Back Propagation）神经网络模型，是最成熟也是应用最为广泛的人工神经网络模型，非常适合解决非线性回归问题。本章将BP神经网络模型和水文水动力学模型相结合，提出了一种城市洪涝风险预测的新方法，并以深圳市河湾流域为例，利用该方法对各积水点的积水过程进行模拟预测。结果表明，该方法的预测结果和实测积水监测数据以及数值模拟结果相比，误差都较小，预测精度高，而且计算速度快，大大缩短了洪涝风险预测时间，有效解决了城市洪涝预测预警的时效性问题。

4.2.2 研究流程和方法

4.2.2.1 研究流程

深圳市河湾流域包括深圳河流域和深圳湾流域，是深圳市五大流域之一。河湾流域是深圳市高速发展的典型区域，下垫面硬化程度较高，而排水设施建设相对不够完善。近几年，洪涝灾害损失呈上升趋势。经过对历史资料的统计分析，造成深圳市河湾流域洪涝积水的降雨主要是发生在3h之内的短历时强降雨过程。因此，本章以深圳市河湾流域内3h短历时强降雨过程为降雨方案，利用数值模拟模型进行模拟，并以模拟结果作为数据驱动，构建各积水点的神经网络预测模型。最后用没有参与训练的暴雨—洪涝样本作为预测样本，利用训练好的神经网络模型对各积水点的积水过程进行预测，以检验神经网络模型的预测效果。具体的技术流程见图4.2-1。

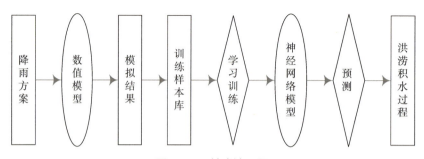

图4.2-1 技术流程图

4.2.2.2 降雨方案

人工神经网络模型的训练样本量越大，包含的信息越多，训练出来的模型越智能。因此，本章采用多时空分布、多雨型的降雨过程作为输入降雨条件，通过数值模型模拟，得到多种降雨条件下的降雨—洪涝样本。利用这些样本训练出来的人工神经网络模型更智能，可以对各种降雨条件下积水点的积水过程进行预测。

降雨方案主要包括三种来源：①深圳市2008～2018年实际发生的短历时强降雨过程；②根据深圳市降雨时空分布特征设计的降雨过程；③根据深圳市暴雨强度公式构建的设计降雨方案。

（1）实际短历时强降雨方案。通过对深圳市2008～2018年63个自动气象站，逐5min的降雨资料进行分析，筛选出实际发生的降雨持续时间3h之内的短时暴雨过程178场。

（2）不同时空分布特征的降雨方案。刘媛媛等通过对深圳市2008～2018年短历时强降雨时空分布特征进行研究，发现深圳市短历时强降雨时空分布主要有以下三个特征：①降雨中心自西部快速移动到东南；②降雨中心从东南部开始，向西北部地区扩散；③降雨主要集中在城市的中心区域，降雨中心发生移动的幅度较小。根据该研究成果，本章设计了符合以上三种时空分布特征的、3h最大单站累积雨量从30mm到500mm的降雨过程708场。

（3）基于暴雨强度公式的设计降雨方案。根据深圳市暴雨强度公式，设计了全市范围普降，3h累积雨量从30mm到500mm的芝加哥雨型的降雨过程，总计236场。

将以上各降雨方案利用数值模型进行模拟，共计算了1122场历时3h逐5min的降雨方案，得到40392个暴雨—洪涝样本。从样本的数量和类型上，满足了神经网络模型对学习样本的要求。训练时，选择其中90%的样本进行训练，10%的样本进行测试。

4.2.2.3 城市洪涝模拟模型

结合深圳市河湾流域洪涝特点和数据条件，构建水文水动力学模型，包括水文产汇流模型、河道一维水动力学模型、地表产汇流模型以及地下管网汇流模型。这些模型通过耦合计算，详细地刻画了城市下垫面洪涝积水的演进过程。

1. 河道一维水动力学模型

河湾流域内河道洪水演进，采用显格式有限差分法的一维水动力学模型方法进行模拟，能很好地处理干床问题，并且方便添加各类水利工程。

构建的一维河网模型，包括河湾流域内25条河流、1325个断面、25座闸坝、蓄滞水体22个（水库20座，滞洪区2座）。

2. 地表产汇流模型

为了提高计算效率，在河湾流域内的建成区构建二维地表水动力学模型，在非建成区构建水文产汇流模型。

（1）二维地表水动力学模型

二维地表水动力学模型采用交错网格法布置状态变量，在网格的形心计算水深，在网格周边的通道上计算单宽流量。在时间上采用交替计算方法，水深与流量在时间轴上分层布置，交替求解，该方法物理意义清晰，且有利于提高计算的稳定性。

建模时，二维地表水动力学模型采用边长5～10m的不规则网格进行剖分，以立交桥、道路、水体、河道、铁路、小区、桥涵等重要区域的阻水微地形为控制线，建设范围内网格共计304万个，边564万条，模拟总面积226.76km²。模型网格布置图如图4.2-2所示，各网格的糙率根据地表形态取值。图4.2-2中，左上角为河湾流域全区，一维河道模型和二维地表水动力学

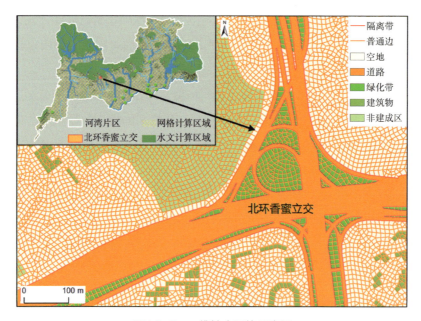

图4.2-2 二维地表网格示意图

模型耦合位置为图中蓝色河段与相邻网格沿着河道的堤防边。当河道水位高于堤防边或网格内水位高于堤防边时，则有水交换发生，即在耦合位置上产生流量过程；一维河道模型和二维地表水动力学模型计算时间步长分别为6s、0.1s。

（2）水文产汇流模型

水文产汇流模型选用三水源新安江模型，将流域内非建成区划分为相互独立的水文计算单元，模拟建模区域内的产流、坡面汇流以及河网汇流过程，计算各控制断面流量过程。河网汇流采用滞后演算法，计算公式为：

$$Q(t) = CS \times Q(t-1) + (1-CS) \times QS \quad (4.2-1)$$

式中，$QT(t) = QS(t) + QI(t) + QG(t)$；$QS$为地面总入流；$Q(t)$为$t$时刻的单元面积河网汇流（m³/s）；$QT(t)$为$t$时刻的单元面积河网总入流（m³/s）；$QI(t)$为单元面积壤中总入流（m³/s）；$QG(t)$为单元面积地下总入流（m³/s）；$t$为河网汇流时间（s）；$CS$为河网水流的消退系数（无量纲）；$L$为滞后时间（s）。

选用研究区内水文资料条件较好的景田站及草铺站，2011~2018年的水文资料对模型进行合理性验证。景田站选取22场次洪水过程，其中21场洪水的洪水洪峰模拟误差均在20%以内；草铺站选取31场次洪水过程，其中29场洪水的洪峰模拟误差均在20%以内。

3. 地下管网汇流模型

圣维南方程组结合Preissmann虚拟窄缝法，统一了明流和有压流的控制方程，建立的地下管网汇流模型可对自由表面水流和有压流进行精确计算。其中：

连续方程为：

$$\frac{\partial Z}{\partial t} + \frac{1}{B}\frac{\partial Q}{\partial x} = 0 \quad (4.2-2)$$

动量方程为：

$$\frac{\partial Q}{\partial t} + \frac{\partial}{\partial x}\left(\frac{Q^2}{A}\right) + gA\left(\frac{\partial Z}{\partial x}\right) + gAS_\mathrm{f} = 0 \quad (4.2-3)$$

式中，无压管流时，Z为水位（m）；有压管流时，Z为水头（m）；有压流时，B为虚拟窄缝的宽度（m）。

在离散上，采用变量交错布置方式，将管段流量和管段形状定义在管段中心，而水位或测压管水头定义在管段节点上，方便管段间以及管网和水量入口的衔接。对流项采用一阶迎风格式，确保模型有较好的稳定性，可避免产生数值震荡。如此，动量方程在以管段中点为中心的控制体上离散，而相应的连续方程在以节点为中心的控制体上离散，这种方式求解的稳定性强。

本章建立的地下管网模型包括12.7万条雨水管段、7万多个检查井、5万多个雨水箅子、12座泵站，计算步长为6s。

4．模型耦合计算

本章将水文学模型、一维河道模型、二维地表产汇流模型及地下管网模型进行耦合，依据城市立体空间结构以及模型物理机制进行模拟计算。水文学模型与水动力学模型耦合时，先独立计算非建成区水文学模型，再独立计算水动力学模型；水文学模型模拟的产汇流结果，分别作为河道一维水动力学模型以及二维地表水动力学模型的边界条件。一维河道模型、二维地表产汇流模型及地下管网模型三者之间的水动力学模型耦合采用时间追赶法进行数据交换，涉及河道一维模型通过河道堤防与二维地表产汇流模型耦合；地下管网模型通过管网排水口与河道一维模型耦合；地下管网模型通过雨水口、雨水检查井、排水口与二维地表产汇流模型耦合等。

该水文水动力学模型具有物理机制，刻画了雨水在城市下垫面的中产、汇流过程。但是由于模型精细化程度较高，模型计算量巨大，一个3h的降雨方案需要的计算时间在12h以上，显然不能满足防汛应急工作时效性的要求。

4.2.2.4 训练样本生成

在训练神经网络模型之前，本章利用实际的降雨过程，对水文水动力学模型进行校核，以得到更为准确的训练样本。经校核，数值模型的模拟结果和实测值相比，预测误差较小，可以满足学习样本质量要求。由于篇幅所限，本章仅以2018年8月29日深圳大暴雨为例进行说明。选择河湾流域内6个典型积水点，将其实测最大积水深度数据和模型模拟的最大积水深度进行对比，如表4.2-1所示。

2018年8月29日深圳大暴雨洪涝积水点
实测积水深度和模拟积水深度对比表　　　　　表4.2-1

序号	积水洪涝点	实测最大积水深度（cm）	模型模拟最大积水深度（cm）	模拟误差（%）
1	创盛路新能源产业园（A）	40	39.8	0.5
2	塘朗工业区B区（B）	50	47	6
3	红岭中学桥洞（C）	100	97.5	2.5

续表

序号	积水洪涝点	实测最大积水深度（cm）	模型模拟最大积水深度（cm）	模拟误差（%）
4	金盾剧院（D）	40	42.9	7.25
5	布心花园一区（E）	20	20.2	1
6	金鹏物流园B区（F）	35	34.9	0.29
平均误差			2.92	

从表4.2-1可以看出，模拟值和实测值相比，平均预测误差为2.92%，满足了神经网络模型学习样本质量上的要求。

本章利用该数值模拟模型，对以上三类共计1122场降雨方案进行分析计算，得到40392个暴雨—洪涝样本，并以此模拟结果作为驱动，构建各积水点的人工神经网络模型。

4.2.2.5 BP神经网络模型

积水点的洪涝积水深度，与降雨条件、积水点的前时序积水情况相关，属于多影响因素的非线性回归问题。因此，本章选取反馈式神经网络模型，即BP神经网络模型对积水情况进行训练和预测。

BP神经网络模型是由Rumelhart和McClelland首次提出的，是目前最成熟也是应用最广泛的神经网络模型之一，只要有足够多的隐含层和隐节点，就可以以任意的精度逼近非线性映射关系。BP神经网络结构主要分为输入层、隐含层和输出层，模型结构如图4.2-3所示。

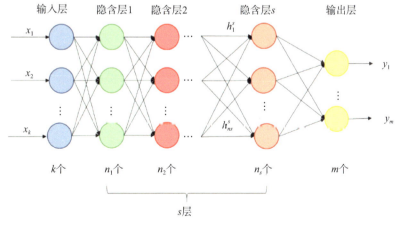

图4.2-3 BP神经网络模型结构图

如图4.2-3所示，该模型有k个输入值，s个隐含层，每个隐含层的神经元分别为n_1，n_2…和n_s个，输出层有m个输出值。输入向量为$X=\{x_1,x_2,\cdots,x_k\}$，各层的权值和阈值为ω和b，输出层的输出结果为$Y=\{y_1,y_2,\cdots,y_m\}$，模型的期望输出为$O=\{o_1,o_2,\cdots,o_m\}$，模型期望输出O和Y之间的误差值为Δe。

训练时，输入向量X通过各层之间权值ω和阈值b，经过前向传输，一直到输出层，输出结果，并计算期望输出值O和实际输出值Y之间的误差值Δe。如果Δe不满足预先设定的收敛值，则进入逆向反馈过程，修改各层之间的权值ω和阈值b，并进行下一次训练；如果Δe满足，则停止训练。神经网络训练的过程，就是不断调整各层之间参数的过程，使得模型的输出结果Y和期望输出O之间的误差Δe逐渐减小，直到最终达到预期设定的值。

具体的计算步骤如下：

首先确定网络模型的输入层节点数k、隐含层层数s及各隐含层节点数n_s以及输出层节点数m，初步确定各层之间的权值ω_{ij}，隐藏层的阈值b_{ij}。

计算隐含层输出h_i^s：

$$h_i^s = f\left(\sum_{j=1}^{n_{s-1}} \omega_{ij}^s h_j^{s-1} + b_i^s\right) \quad (4.2-4)$$

式中，h_i^s为第s层神经元的第i个输出；n_{s-1}为第$s-1$层神经元的个数；ω_{ij}^s为第$s-1$层第j个神经元与s层第i个神经元之间的链接权重；b_i^s为s层第i个神经元的偏置。

$f(\cdot)$是神经元的激活函数，为Sigmoid函数，其公式为：

$$f(x) = \frac{1}{1+e^{-x}} \quad (4.2-5)$$

计算输出变量O_k：

$$O_k = \sum_{i=1}^{n_s} h_i^s \omega_{ik} + b_k \quad (4.2-6)$$

式中，O_k为输出层第k个神经元的输出；n_s为第s个隐含层的神经元个数；h_i^s为第s个隐含层第i个神经元的输出；ω_{ik}为第s个隐含层第i个神经元和输出层第k个神经元之间的权值；b_k为输出层第k个神经元的阈值。

计算样本的实际输出值和期望输出值的误差$\Delta e(t)$：

$$\Delta e(t) = \frac{1}{2}\sum_{k=1}^{m}(y_k - o_k)^2 \quad (4.2-7)$$

式中，t为训练次数；m为输出层输出向量个数；y_k为输出层第k个神经元的输出；o_k为第k个期望输出。

按正常的训练原则调整网络的权值和阈值，再次进行前馈训练，得到 $\Delta e(t+1)$。设 $e = \Delta e(t+1) - \Delta e(t)$ 为前后两次训练输出值与期望值的误差的差值。若 $\Delta e > \beta$（β 为神经网络的训练精度），则更新权值和阈值，若 $\Delta e < \beta$，则训练结束。

4.2.2.6 洪涝积水预测模型构建

以表4.2-1中河湾流域内的6个典型积水点为研究对象，对各积水点分别建立BP神经网络模型。积水点各时刻的积水深度主要与该积水点前时序的降雨量和积水深度有关系。因此，BP神经网络模型考虑的因素包括积水点所在排水区前时序的降雨量 R_t 和该积水点前时序的积水深度 H_t。

本神经网络模型输入层的输入变量为6个，为前3个时序的降雨量 $\{R_{t-3}, R_{t-2}, R_{t-1}\}$ 和该积水点前3个时序的积水深度 $\{H_{t-3}, H_{t-2}, H_{t-1}\}$，输出变量为1个，为未来1个时序的该积水点的积水深度 H_t，隐藏层神经元设为20个。通过模型的不断循环和训练，以实现对整个降雨过程中积水深度变化的预测。为了避免各类数据数值区间的差异性，在训练学习之前，对原始数据做归一化处理，公式如下：

$$x^{*i} = \frac{x^i - x^i_{\min}}{x^i_{\max} - x^i_{\min}} \quad (4.2-8)$$

式中，x^{*i} 为某一类影响因子归一化之后的值；x^i 为原始数值；$x^i_{\min}$ 为该类影响因素中的最小值；$x^i_{\max}$ 为其中的最大值。

训练时，将分别选择暴雨—洪涝样本中的90%作为训练样本，以余下的10%作为测试样本，并利用训练好的模型对没有参加模型训练的暴雨过程进行积水预测。最后通过计算预测数据与模拟数据的决定系数 R^2 来判断这两条曲线的相似程度，决定系数 R^2 越接近1，这两条曲线的拟合程度越高，也就是神经网络模型的预测结果和数值模型的预测结果越接近。

4.2.3 结果分析

利用训练好的神经网络预测模型，分别对基于暴雨强度公式的设计降雨、特征降雨方案以及实际降雨过程进行预测。计算时，设计降雨方案为芝加哥雨型，全区普降；特征降雨的降雨方案为降雨中心自西向东移动。结果如图4.2-4、图4.2-5所示。

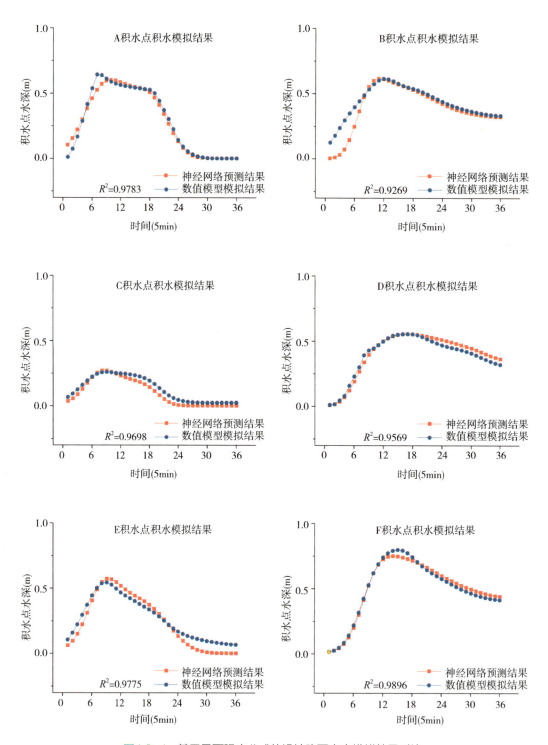

图4.2-4 基于暴雨强度公式的设计降雨方案模拟结果对比

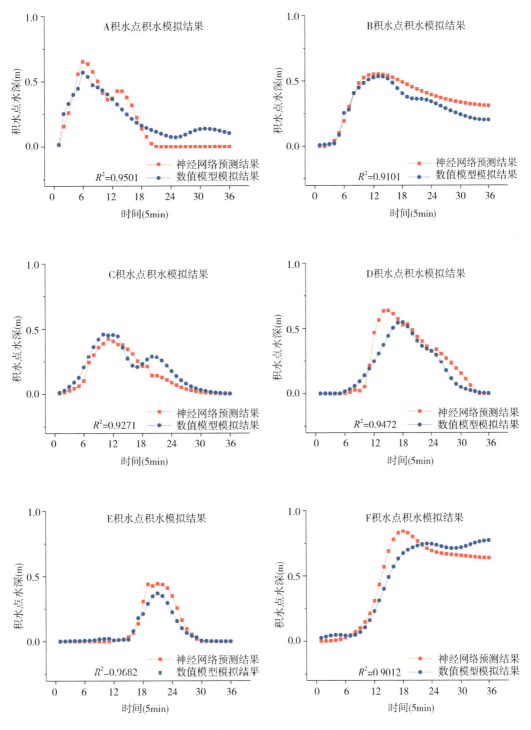

图4.2-5 特征雨型降雨方案模拟结果对比

从图4.2-4和图4.2-5可以看出，对于各积水点，数值模型模拟出来的积水过程和利用BP神经网络模型预测出来的拟合误差非常小，决定系数R^2都在0.9以上。图4.2-4是利用基于暴雨强度公式的设计降雨方案进行模拟，全市普降。可以看出，分布在流域内西、中、东部的A～F 6个积水点的积水深度变化趋势基本相似。图4.2-5是特征雨型降雨方案的模拟结果，该方案暴雨中心自西向东移动。图4.2-5中A～F 6个积水点的积水深度变化反映了这种降雨峰值移动的时空变化趋势。位于流域西部的A、B积水点，降雨峰值出现早，相应的最大水深出现得就早，而位于流域东部的E、F积水点，降雨峰值出现得晚，则相应的最大水深出现得就晚。而C、D积水点，位于流域中部，降雨峰值处于中间，则相应的最大水深也对应出现在中间时刻。由此可见，本章所建立的洪涝数值模型和基于数值模型结果训练出来的BP神经网络模型，都反映出各积水点积水深度变化和降雨时空变化的关系，预测结果和实际情况接近。

由于实测降雨积水监测数据连续性较差，因此仅选择该方法计算的最大积水深度和实际监测的最大积水深度进行对比。利用该模型对没有参与训练的2018年8月29日深圳大暴雨中各积水点最大积水深度结果进行预测，和实测最大积水深度对比结果见表4.2-2。

2018年8月29日深圳大暴雨洪涝积水点实测积水深度和模拟积水深度对比表　　表4.2-2

序号	积水洪涝点	实测最大积水深度（cm）	数值模拟模型模拟最大积水深度（cm）	BP神经网络模型模拟最大积水深度（cm）	数值模型模拟结果和实测值误差（%）	BP神经网络模型模拟结果和实测值误差（%）	BP神经网络模型和数值模拟模型之间误差（%）
1	创盛路新能源产业园（A）	40	39.8	40.3	0.5	0.75	1.26
2	塘朗工业区B区（B）	50	47	47.2	6	5.6	0.43
3	红岭中学桥洞（C）	100	97.5	92.1	2.5	7.9	5.54
4	金盾剧院（D）	40	42.9	42.4	7.25	6	1.17
5	布心花园一区（E）	20	20.2	19.9	1	0.5	1.49
6	金鹏物流园B区（F）	35	34.9	34.2	0.29	2.29	2.01
	平均误差	—	—		2.92	3.84	1.98

从表4.2-2可以看出,数值模型模拟的最大积水深度和实测值之间的平均误差为2.92%,BP神经网络模型模拟的最大积水深度和实测值之间的平均误差为3.84%,预测误差增加了0.92%,这主要是因为神经网络模型是在数值模拟结果的基础上训练出来的,预测结果有误差的累积,但是这两种模型之间的误差仅为1.98%。

在预测时效上,BP神经网络模型计算一个积水点3h历时的降雨方案,耗时仅为0.01s,而数值模型计算相同的降雨方案,耗时则需数小时。BP神经网络模型的计算速度比数值模型提高了数万倍。如果计算网格数量增加,数值模型的计算模拟耗时也随之增加,计算效率无法满足实时模拟需求。本章提出的方法不仅模拟精度高,而且计算速度快,大大节约了计算时间,可有效满足防汛应急工作需要。

4.2.4 结论和展望

本章将洪涝数值模拟模型和人工神经网络技术相结合,提出了城市洪涝积水快速预测的新方法,结果表明,该方法在城市洪涝积水预测方面优势明显,主要表现在:

(1)该方法预测的最大积水深度与实测数据相比,平均误差为3.84%,预测精度高。

(2)在计算效率方面,该方法的计算速度比数值模型的计算速度提高了数万倍,计算速度快。

(3)该方法将人工神经网络技术和数值模拟模型相结合,为人工智能技术在防洪减灾方向的应用提供了新思路。

该方法以数值模型的计算结果作为训练样本进行训练,有两种模型误差叠加的问题。随着实测降雨—洪涝数据日益丰富以及人工神经网络模型算法的逐渐发展和完善,对样本数量的要求逐渐降低,未来可以实测的暴雨—洪涝过程作为驱动,构建人工神经网络模型,可以得到更为客观准确的预测结果。

5

华北内陆城市洪涝模拟
——以北京市为例

5.1 自然地理

北京市地处华北平原的西北边缘，是一座内陆城市，属温带大陆性季风气候，是我国北方多暴雨的地区之一。北京市规划市区范围包括东城、西城及朝阳、海淀、丰台、石景山的大部分地域，西邻永定河，东至定福庄，北达清河，南抵南苑，面积1085km²。北京市防范永定河、西山洪水等外洪的能力已经逐渐加强。随着城市现代化进程的加快，根据北京市的水系特点，中心城区形成了北有清河，中有坝河、通惠河，南有凉水河的自然分区排水系统。

目前，市区主要排洪河道的防洪能力，通惠河高碑店闸以上及南北护城河均为20年一遇洪水设计，100年一遇洪水校核，并留有1m以上的安全超高。通惠河高碑店闸以下河道、凉水河、清河、坝河按20年一遇洪水设计，50年一遇洪水校核，并留有1m左右的安全超高。

为了控制北京市城市上游洪水，减轻市中心区河道排水负担，确保城市防洪安全，北京市的城市防洪采取"西蓄、东排、南北分洪"的原则。

"西蓄"是指充分利用玉渊潭以上的河道、西郊砂石坑以及玉渊潭湖，调蓄玉渊潭以上81km²的雨洪，减少进入市中心区的洪水，同时可以利用部分雨洪回灌补充地下水。"东排"是指市区雨水经城区河道由通惠河排出。"南北分洪"是指在城区北向清河分洪，当城市西部发生超标准洪水时，控制玉渊潭进口闸，利用京密引水昆玉段回水，经安河闸向清河分洪，以减少进城洪水；为了不增加东护城河暗沟的排洪负担，以保证第一水厂、左家庄小区、使馆区一带的防洪安全，在城东北城角向坝河和水碓湖分洪；为了减轻南护城河的排洪负担，在城西南角向凉水河分洪，保证右安门下泄流量不超过110m³/s，减少洪水对市中心区的威胁。

5.2 降雨特点

根据北京地区多年降雨资料分析，北京地区形成暴雨的降雨具有以下特点：

1. 降水时间分布特征

分析1961~2013年北京市降雨站点的年际变化可知，北京市降雨多集中在夏季（6~8月），在7月达到最高值，占全年总雨量的31.84%，冬季降水少，1月、2月和12月的降雨量分别占全年总雨量的0.38%、0.83%和0.41%。北京一日降水量＞400mm的日期多出现在7月下旬到8月上旬，有时一日降水量就占全年总雨量的60%~70%。降水不仅高度集中，还以暴雨形式出现。冬季（12~2月）降水只占全年总雨量的2%。春季（3~5月）多年平均降水量为50mm左右，占全年总雨量的8%。秋季（9~11月）多年平均降水量为85mm左右，占全年总雨量的14%。

2. 降水地理分布特征

北京市山地面积约占全市面积的62%，因此，降水量除了受大气环流影响外，还受地形的影响。北京市小到中雨多集中在西部及西北山区地带。越靠近城区，降水量级越大，中心城区暴雨概率较高。北部的怀柔和密云地区、东北部的平谷地区山前迎风带多出现大雨以上量级的降水。近年来，北京地区多为局地性对流系统产生的强降水，区域性强降水过程较少。这是因为北京地区局地降水的分布不仅与地形、盛行风有关，还受城市热岛效应的影响。

3. 降水多年变化特征

根据北京市实测降水量记录以来的资料统计，年平均降水量为585mm，但年际间的变化较大。1991年、1994年、1995年、1996年和1998年降水量大于多年平均降水量，其中1994年汛期降水量居自1950年以来的第6位。而1999年、2000年连续两年严重干旱，是中华人民共和国成立以来出现的第四次连续干旱年份。

4. 降雨季节性强、雨量集中

北京地区多年平均降雨量为585mm，但年际间降雨量变化较大，最大年份降雨量超过1400mm（1959年为1406mm），而最小年份降雨量仅为242mm（1869年），相差近6倍。北京市降雨量主要集中在汛期3个月（6月上旬至9月上旬），该时期降雨量占全市平均降雨量的80%以上，是降雨量最集中的时期。从暴雨的出现时间统计，暴雨出现最早的月份是4月5日（1964年），最晚的月份是10月23日（1970年），出现次数最多的月份是7月（1959年），共出现8次暴雨。从暴雨的时程集中程度看，根据24h降雨量大于400mm的各场雨分析，60%~80%的降雨量集中在3~15h，降雨量集中。

5．暴雨强度大、次数频繁

根据1949年以来的暴雨资料统计，24h雨量大于或等于50mm的暴雨平均每年出现5次，最少年份出现2次，最多年份可达15次。暴雨不仅频繁，而且强度很大，最大1h降雨量可达150mm。

据有关部门对1990年前近百年的降雨资料统计，日降雨量（或24h）大于或等于200mm的47场暴雨，其降雨中心位置基本上是在海拔高程1000m山脊屏障形成的迎风坡山区，由此向山前和山后逐渐递减。

无论是丰水年还是枯水年，都有局部暴雨发生，甚至出现大于100年一遇特大暴雨。如1991年6月10日北京市北部山区发生100年一遇特大暴雨；1999年虽为中华人民共和国成立以来最旱年，但7月11日官厅山峡斋堂水库以上发生暴雨，流域平均降水在200mm以上。20世纪90年代较大的降雨过程有5次，分别为1991年"6·10"暴雨、1994年"7·12"暴雨、1994年"8·12"暴雨、1996年"8·4"暴雨、1998年"7·5"暴雨。

北京市历史上也受到台风的影响。一种是台风形成于低纬度水温高的洋面上，在一定的大气环流背景下，台风可以深入内陆，形成暴雨。如1972年3号台风，在天津市塘沽区登陆后直接影响北京市，7月29日怀柔区枣树林24h降水量高达479.2mm。另一种是台风倒槽间接影响而形成的暴雨。当台风远离北京市时，由于受台风外围气流的影响，使得北京地区产生大暴雨。如1956年8月初受菲律宾东部洋面12号台风及贝加尔湖高压脊与副高压带的影响，在北京市西部产生特大暴雨，8月3日门头沟区王平口24h降水量达434.8mm。北京市2012年"7·21"暴雨，是受东移南下的冷空气和西南气流的共同影响，全市日平均降雨量170mm，是中华人民共和国成立以来的最大日降雨；降雨量在200mm以上的覆盖面积为6000km^2，降雨暴雨中心位于房山区河北镇，达541mm，超过500年一遇。

5.3 洪涝特点

北京市作为超大城市，现状防洪排涝设施条件下，道路积水是汛期的常态化风险，也是社会关注的焦点。近年来，北京市极端降雨天气多发、频发，积水洪涝事件每年都有发生。2012年"7·21"北京市遭遇61年来最强暴雨洪涝灾害，全市平均降雨量170mm，暴雨中心房山区河北镇达541mm，造成79人遇难。2016年"7·20"全市累积降雨量213mm，暴雨中心门头沟区东山村达454mm，中心城区积水断路17处。2020年"7·31"四元桥突发强降雨，最大雨强达107mm/h，四元桥下拉槽最大积水深2.5m。2021年"8·16"海淀区突发强降雨，30min内降雨量达到83mm，中心城区5处点位积水严重，旱河路铁路桥最大积水深3.3m，造成2人遇难。城市暴雨洪涝对城市正常运行、居民生命财产安全造成严重威胁，成为城市现代化建设进程中亟待解决的难题。

北京市逐步建立完善了"上蓄、中疏、下排，有效滞蓄利用雨洪"的全市防洪工程体系，中心城区完善"西蓄东排、南北分洪"的排涝格局，城市副中心逐步构建"通州堰"分洪体系，基本实现最大限度地减轻洪涝灾害损失。在工程建设方面，开展立交桥雨水泵站升级改造，标准由1~3年一遇提升为10年一遇，显著提高雨水抽升能力；防汛重点部位实现"一桥一策""一点一策"，完成对中心城运营排水设施防汛保障的全覆盖；逐年开展积水点改造治理工程，减少汛期积水隐患；开展中小河道治理，增加河道槽蓄纳雨能力；建成西郊雨洪调蓄工程，实现了100年一遇洪水不入中心城区目标。

在非工程体系方面，建立了北京市水旱灾害防御综合指挥平台，集中整合雨水情、洪涝积水等信息，提供防洪排涝信息服务保障；编制建设项目雨水控制与利用标准，明确新建及改扩建小区雨水控制与利用工程具体指标；编制完成防洪保护区及城区基本洪水风险图，初步构建了北京城区洪水分析模型框架，系统分析城市洪涝发生机理；构建完成中心城区总体概化洪涝模型及清河流域、凉水河流域、通惠河流域和坝河流域的精细化洪涝模型。

北京市城市积水洪涝产生的主要原因之一为现状雨水管网排水标准偏低，全市雨水管道总长度9396km，其中排水标准不足1年一遇的占66%，3~5年一遇或以上重现期的占21%。由于建设时间较早，只有21%的雨水管道满足45~56mm/h雨强标准，还有66%的雨水管道不满足36mm/h雨强标准。除此之外，城市排水体系还不完善，中心城区边缘地区及城乡接合部存在雨水管线未按规划实施、无排水设施、排水设施不连通、上下游不配套、结构老化等问题；部分地区存在基础建设不同步改变地面竖向布局，造成雨水汇流方向与规划排水分区不符的情况；部分排水河道阻水堵点未清除治理、规划蓄涝区没有建设完成等情况。与此同时，低洼路段是雨水汇聚点，雨强超标或排水设施出现问题极易出现积滞水情况。目前北京市下凹式立交桥、隧道、地下通道等设施较多，仅下凹式立交桥就有约440处。

《北京市城市积水内涝防治及溢流污染控制实施方案》中提出：到2025年，首都功能核心区和中心城区重点道路以及城市副中心重点道路达到小时降雨65mm不发生积水，中心城其他道路及新城重点道路达到小时降雨54mm不发生积水的目标。

《北京市"十四五"时期防汛减灾发展规划》中明确：提升防汛指挥调度。加强城市运行状态信息共享，结合城市运行图，制作市级、区级风险地图和力量布防图，科学研判可能发生的风险，实行扁平化、点对点指挥协调和风险防范管理。

《北京市2022年防汛工作要点》中提出：精细编制城市风险地图。结合城市历史内涝情况，利用大数据等分析手段，梳理城市低洼处、下凹式立交桥、铁路桥涵、隧道、地下空间、低洼院落、地铁出入口等易积滞水风险点位和地质灾害点、山洪易发区和涉山涉水景区，在分区分点逐一排查评估基础上，逐步制定大概率灾害、大影响灾害风险清单，分别制作市、区两级风险点位分布图和抢险力量布防图，提高防灾的精准度。

5.4 城市洪涝模拟及风险分析

耦合集成后的总体精细化洪涝模拟模型包括：河道一维模型、地表二维模型（含产流模型）、管网一维模型及耦合模型。

5.4.1 河道一维模型

1. 河道与断面

北京市总体精细化洪涝模型的河道一维模型中共包含54条河道，总长度647.84 km，布置河道断面2258个。模型中河道名录及其长度分布如表5.4-1所示。

2. 闸、坝

总体精细化模型中考虑水闸共121个，橡胶坝共12个，各闸坝调度参数均参照相关河湖2022年调度预案进行设置。

河道模型要素个数分流域统计　　　　表5.4-1

流域	河道数目（条）	水闸个数（个）	橡胶坝个数（个）	长度（km）
清河流域	6	18	0	56.30
凉水河流域	20	27	5	268.10
通惠河流域	19	50	4	156.64
坝河流域	6	15	3	68.34
北运河	3	9	0	98.45
永定河	1	2	0	85.14

5.4.2 地表二维模型

1. 地表分区

总体模型覆盖范围1485km²。若整体建立地表产汇流模型，计算量巨大，直接影响模型计算效率，难以满足实时预报预警和调度分析的需要，且不易进行率定、验证和更新维护。需对研究区域进行合理的分区，并采用优化计算的方法提高计算效率。

在城区，由于河渠及其堤防的阻断，地面洪水很难越过双重堤防与河槽，从河道一侧到达另外一侧，因此本项目基于城区河道分割的状况，将二维平面模拟范围划分为11个区域，优势如下：

（1）可以根据目标区域的重要程度不同，采取相应的精度，比如对于高度开发的区域可以使用更小尺寸的网格，而对于较为荒僻的地带采用较粗的网格。

（2）便于数据维护更新，以后可以根据数据情况以及需求只对某几个分块的模型进行更新升级或者网格加密。

（3）现有的计算机CPU一般为多核，划分为多个二维模型予以计算，也可以充分利用计算机的多核特性，提高计算速度。

（4）有利于数据错误的隔离和查找。

基于上述考虑，根据凉水河、坝河、通惠河、凉水河及其主要支流的连通性，拟将地表划分为11个区域。

2. 地表网格

网格尺寸：道路、下凹桥等局部区域10m左右，大部分区域10~20m，凉水河流域南部20~50m。共剖分网格数606万个，如图5.4-1所示。

图5.4-1 剖分网格示例

阻水型边：剖分前处理控制线长度总计约10000km，包含河道、阻水道路、下凹路段、桥涵、建筑物边界。

3. 管网一维模型

总体模型中含雨水管段及与雨污混流管段，总长度4833.29km，检查井133116个、雨水箅子89459个、排河口2841个、雨水泵站82个。四个流域的管网、排河口、检查井、雨水箅子分布数量如表5.4-2所示。

管网一维模型要素数量分流域统计　　　　　表5.4-2

要素	清河流域	凉水河流域	通惠河流域	坝河流域
雨水箅子（个）	15771	23547	36045	14096
检查井（个）	21734	30821	60859	19702
排河口（个）	1082	475	1051	233
节点总数（个）	37910	54893	98036	34052
泵站（个）	16	25	31	10
管线总长度（km）	817.24	1181.75	2080.27	754.03

4. 耦合模型

不同模型间耦合后，模拟计算时统一由耦合模型控制推进。河道与地表通过一维模型断面点与地表二维模型的单元边进行耦合，根据河道和地表的实时水位计算河道与地表之间的水量交换。河道与管网是通过排水管网的入河口进行耦合，实现水量交换。针对每个排水管网入河口，逐一建立管网入河口对应的管段和河段。根据入河口特点，选择堰流或孔流公式，并设置相应的参数。

地表与管网通过雨水箅子、检查井及排水分区进行耦合，实现水量交换。通惠河、坝河流域雨水收集和汇集系统较为完善，地面与管网之间大部分区域直接采用物理连接方式，地面上的雨水通过附近的雨水箅子直接汇入地下管网，小部分排水设施缺失区域，尤其是清河北部、凉水河南部及全市小区内均缺失排水设施数据，因此通过排水分区进行耦合。

5．模型边界

四大流域模型耦合集成后形成了北京市主城区总体精细化洪涝模型。总体模型一、二维边界需重新设置，包括：

（1）河道上边界：主要考虑温榆河的来流过程，包括沙河闸、蔺沟、小中河。

1）沙河闸：采用《北京市水文手册》中设计暴雨的计算方法，计算沙河闸以上流域不同频率24h的设计暴雨后，使用沙河水库洪水预报模型计算洪水过程，根据计算的洪水特征与已有成果进行综合对比分析，得到沙河闸不同频率的设计洪水过程。

2）蔺沟：采用经验公式和推理公式法估算设计洪峰流量。

3）小中河：设计洪水采用《北京市水文手册》中推荐的方法，并结合实测资料确定，在取得的设计洪峰基础上使用小中河洪水预报模型计算洪水过程。

暴雨和来流采用同频组合，无同频洪水时采用最接近的高量级洪水来流边界组合。

（2）河道下边界：北关枢纽分洪闸调度出流过程、杨洼闸以下延伸河北段部分河道断面自由出流。

（3）地表北部边界：为清河流域界，没有水交换。

（4）地表南部边界：为凉水河流域界，地表网格地形自由出流。

（5）西山：用地形计算分水岭，采用水文模型计算产汇流。部分通过北旱河入清河，部分通过几个支沟以及沿程分段概化汇入南旱河、永引渠进入模型。

（6）西郊雨洪调蓄工程、南北分洪、北关的调度等均在模型内部考虑。

6．洪涝情景模拟分析

设计典型降雨过程及城市河湖闸坝和排水泵站的调度方案，进行典型情景模拟分析，形成典型预制情景成果库。利用河道一维模型、管网一维模型、地表二维模型及耦合计算模型，模拟计算1年、1~3年、3年、3~5年、5年、5~10年、10年、10~20年、20年、20~50年、50年、50~100年、100年、100~200年和200年暴雨重现期条件下北京城区短历时和长历时降雨过程，分别为1h、6h、24h设计暴雨。利用模型计算流域道路积水、立交桥下积水情况以及各地铁口的积水情况，并对流域主要河道断面水位流量过程等进行模拟计算，模拟不同降雨条件情况下北京城区的洪涝风险。

6

西南山地典型城市洪涝模拟
——以昆明市为例

6.1 自然地理

作为西南山地典型城市，昆明市地处云贵高原中部，位于金沙江、珠江、红河三大流域分水岭地带。地理位置介于东经102°10′~103°40′、北纬24°23′~26°33′之间。东与曲靖市的会泽、沾益、马龙、陆良4县接壤，西与楚雄州禄丰、武定两县及玉溪市的易门县相连，南与红河州的泸西、弥勒两县及玉溪市的江川、澄江、峨山、红塔4县、区毗邻，北与四川省会理、会东2县隔金沙江相望，与1省，4个州、市，15个县、区交界，全市总面积2.10万km²。昆明市是云南省省会，西南地区的中心城市之一，是我国面向东南亚、南亚乃至中东、南欧、非洲的前沿和门户，具有"东连黔桂通沿海，北经川渝进中原，南下越老达泰柬，西接缅甸连印巴"的独特区位优势。

昆明主城区位于滇池流域范围内，处于滇黔高原湖盆亚区，以浅丘缓坡地势为主，河谷切割相对浅，属中、低山地貌，西北梁王山及西部哀牢山分水线高程为2825~3143m，对西南暖湿气流有抬升或部分屏障作用；东部乌蒙山高程为2358~3100m，能阻滞北方寒冷气流入侵，对偏东部暖湿气流起抬升作用，致使区域较温和湿润。

6.2 降雨特点

滇池流域水汽来源于西南孟加拉湾及东南南海暖湿气流，雨期主要受季风环流控制，具有明显的季节性。造成暴雨的天气系统主要是因切变、低槽冷锋、低涡等，大暴雨主要是由高空低涡或切变与地面锋系相伴出现形成。

从降雨的年内变化情况看，自4月下旬以后，西风带南支急流逐渐减弱，太平洋副热带天气系统位置逐步北移，该地区开始有大雨和洪水出现，其量级一般都不大，出现暴雨概率小；5、6月暴雨洪水出现概率约32%；7、8月太平洋副热带高压加强，高空西风槽、低涡特别活跃，地面低压锋系出现频繁，又正值西南和东南暖湿气流加强北上，整个滇池流域进入强盛雨期，常形成阻塞性大暴雨过程，构成全年主要汛期（即夏汛洪水），出现大暴雨洪水的概率约

55%；8月下旬后因太平洋副高压进一步西进，该地区出现短暂伏旱，暴雨洪水相对少且量级也不大；9月太平洋副高压逐渐减弱，暴雨洪水处于相对低谷，降雨又多呈移动过程，暴雨洪水也逐渐减少，出现概率约8%；10月后西风带南支急流开始出现，副热带天气系统减弱南退，其上中旬出现一定量级降雨量，即进入秋汛洪水季节，降雨、洪水量级一般相对较小，出现概率约5%；10月以后受西风环流控制，西风带南支急流建立，副热带天气系统南退，空气中的水汽含量大幅减少，降雨强度明显减弱，暴雨洪水出现的机会较少，直至汛期结束。

昆明城区及周边多年平均最大24h降雨量在65.4~73.8mm，其中最大1h、6h雨量分别在30.5~37.7mm、48.9~57.9mm，最大24h降雨量主要集中在6h内（约占75%），而6h暴雨又多集中在1h内（约占65%），1h雨量占24h雨量的比例约47.1%。受局部地形影响，本地区暴雨分布并不均匀。在同一高度时，以滇池北面三家村、华亭寺、西北沙河一带（最大一日雨量在71.3~79.1mm）最大；东北松华坝（最大一日雨量在65.5~70.0mm）次之；东面宝象河、梁王河、南面（最大一日雨量在55.1~64.2mm）最小；在同一河流内，暴雨量呈自下游向上游山丘区递增规律。

昆明城区内暴雨与周边附近同期相比，具有两个显著的变化特点：一个显著特点是，即20世纪90年代以前城区与周边各站各历时平均雨量基本一致，其后城区各历时雨量均值呈增大的趋势，且暴雨强度也呈增大的态势，尤其是近年来，大暴雨中心出现在市区的频次明显增多；另一个显著特点是，城区暴雨具有历时短、强度大、笼罩面积小、变化梯度大的情形。其原因主要是随着城市建设规模的扩大，人口剧增而引起城市热岛效应导致气候异常。实测资料证明，近年来昆明城区无论暴雨中心在何地，都具有历时短、强度大且以单点式暴雨为主，集中程度高的特点。

6.3 洪涝特点

昆明市主城濒临滇池，城区地面较滇池正常水位仅高3m，部分河道受到滇池水位顶托，存在排水不畅问题。同时，在城市前期开发建设过程中，由于竖向标高控制不足、管网错接漏接、挤占行洪断面等问题，造成整个城市行洪排涝系统较为脆弱，汛期因排水不畅而造成的淹水现象较为突出。

昆明市在全国范围内属于洪涝风险较高的城市。为贯彻落实国务院第158次常务会议批准的《灾后水利薄弱环节和城市排水防涝补短板行动方案》，2017年住房和城乡建设部等发布了《住房城乡建设部办公厅、国家发展改革委办公厅关于做好城市排水防涝补短板建设的通知》，昆明市位列国务院确定的全国近年来洪涝灾害严重的60个城市名单之中，城市排水防涝形势较为严峻。依据《昆明市城市排水（雨水）防涝综合规划》，现状条件下遭遇50年一遇暴雨时，主城区现状易涝点82个；洪涝中风险区域约1.07km²，占比0.1%，洪涝高风险区面积1.66km²，占比0.2%，主要集中在城区二环内的二环北路、教场中路、学府路、北辰大道、北京路、穿金路、人民西路、二环西路、二环东路、滇池路、近华浦路、大观路、护国路等。

经过多年的防洪排涝整治以及水污染治理工作，昆明城区基本形成了基于"高蓄、上截、中疏、下泄"结构的系统防汛体系以及集截污管道、调蓄池、净化厂、强化处理设备等于一体的完整污水处理系统，在洪涝防治和溢流污染控制方面取得较好的效果。

6.4 洪涝模拟

对于城市暴雨洪涝模拟，模拟精度和计算效率往往是一对矛盾体。由于城市河湖水系的连通性、排水系统的复杂性以及交互性，降雨的水文响应范围较大甚至涵盖整个城市区域，因此必须在城市尺度上进行整体建模，否则不合理的边界条件会导致计算结果的不可靠。同时，各物理过程的相互作用也增加了模型的复杂性。另外，河流漫堤、管网溢流、地面积涝等的发生具有很强的空间局部性，而且局部微地形往往对汇水过程起着决定性作用，这便要求模型对局部雨洪过程具备精细化模拟的能力。因此，建模的整体性（空间大尺度以及各物理过程的交互）和关注点的局部性之间的矛盾，使模型在模拟精度和计算效率方面难以得到兼顾。

为了解决建模整体性和关注点局部性之间的矛盾，昆明市城市洪涝模型采用不同的技术方案构建两套洪涝模型，即非建成区概化模型（粗模）和建成区精细化模型（细模），具体包括河网水动力模型、非建成区产汇流水文模型、建成区产汇流水文水动力模型、管网水动力模型及模型耦合。

6.4.1 模型建设范围

昆明市城市洪涝模型建设范围为昆明主城区（含呈贡）至松华坝水库大坝的汇水区域，面积约1300km²，其中建成区精细化模型建设面积约为580km²。

6.4.2 河网水动力模型

河网水动力模型包括流经主城区的主要河道及支沟共140余条（长度约为600km）、3058个断面以及26座闸坝和22座库塘。

河道一维模型中河道与库塘的耦合属于纵向耦合方式，通过互为水位—流量边界实现耦合计算，其连接关系如图6.4-1所示。

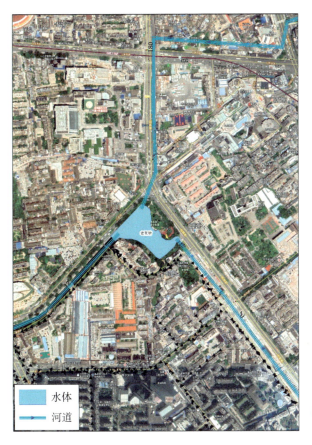

图6.4-1 河道与库塘耦合示例——老篆

6.4.3 非建成区产汇流水文模型

基于地形数据，对非建成区进行水文汇流分析提取小流域。

基于上述小流域提取成果，进一步根据地表阻水导水构筑物分布，包括面山截洪工程、建筑物、街道、河道等，对上述分区进行调整和细化，明确排水关系（具体到河道断面）。基于该分区成果进一步构建非建成区的地表产汇流水文模型。

6.4.4 建成区产汇流水文水动力模型

针对建成区范围，构建以小尺度网格（20m左右）为地表产汇流最小计算单元的地表水文水动力模型。地表水文水动力模型采用经验水文算法计算降雨产流过程，把降水数据插值到每个网格计算净雨，再利用水动力学方法计算地表坡面汇流过程。在坡面汇流过程中，同时与河道一维水动力模型和管网一维水动力模型产生双向耦合。

1. 分区构建

在基于全过程全要素的降雨产汇流计算中，地表水动力汇流计算最为耗时。在保证高精度的同时，为了提高模型的计算效率，对地表模型进行分区建设，以实现建模层面的并行处理和计算。分区基本上是以明渠河道为界，尽可能减少因不同分区间存在地表水量交换而带来的误差，最终共11个分区。

2. 网格剖分及属性赋值

相对于自然流域，城市下垫面的复杂性体现为地表构筑物在空间上的剧烈变异性，这给地表产汇流的准确描述带来巨大的挑战。离散化网格对下垫面反应是否真实，将决定模型计算是否能够真实刻画地表的降雨产汇流过程。因此，网格剖分是地表模型构建的基础和核心内容，网格质量的好坏将直接影响模型的准确性和稳定性。

（1）绘制控制线及控制点

网格剖分是一个复杂的过程，在剖分网格时，需要充分考虑地形地物、防洪工程分布、河流主要参照断面、重要地点分布，以及高出地面的现状阻水或导水建筑物（公路、铁路、渠道、建筑等）等方面的影响，网格的布设要做到疏密得当。为此，绘制控制线是必不可少的工作。

针对建成区范围（约580km²），梳理合并现有的水系、堤防、道路、铁路、建筑物边界等影响水流运动的导水、挡水设施的数据图层，生成初版控制线。由于数据质量或某些数据图层缺失问题，基于研究区范围内的高分辨率影像，需对初版控制线进行人工调整和补充工作。另外，对于重要的导水设施，比如低洼路段，需要两条平行边线进行控制。

基于生成的控制线，进一步生成控制点，并调整平行控制线间控制点的对应关系，以便生成高质量的贴体不规则网格，并确保网格边长被控制在10～20m。

（2）网格生成及类型设置

基于上述控制线、控制点系统，自动生成贴体的不规则网格。为了满足计算要求，同时为了提高对网格的控制，还需要对新生成的网格及网格边进行类型划分。网格类型包括普通网格、水体网格、建筑物网格、道路网格等；网格边类型包括普通网格边、堤防型边、调度型边、不过水型边等。

城区整体建模的大尺度与局部洪涝点的小尺度形成鲜明对比，针对局部易涝区，例如道路交口、下凹路段、立交桥等，地形数据的精度有时无法反映真实情况，需要参照高精度影像以及与周边网格的关系，对局部网格地形进行检查和修正。具体工作包括：主要的下凹式路段处，将网格单元沿下凹路段顺直布置，以合理反映下凹路段水流汇集及积水过程；对区内道路、铁路线等线性阻水构筑物，将网格边沿阻水构筑物顺直布置，并将网格边概化成堤防型单元边，同时设置单元边的高程为阻水建筑物的顶高程，其流量采用堰流进行计算，以合理反映其阻水作用，如图6.4-2所示。

网格系统中不同要素的数量见表6.4-1，其中网格总数量约为186万个。

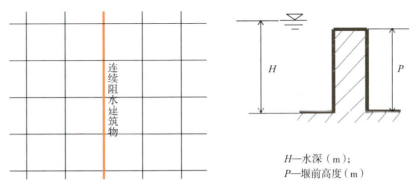

H—水深（m）；
P—堰前高度（m）

图6.4-2 阻水型边示意图

网格及网格边数量统计（单位：万个）　　　　　　　表6.4-1

类别	片区											
	A1	A2	A3	A4	A5	A6	A7	A8	A9	A10	A11	合计
网格	11.20	24.22	14.72	10.34	23.14	28.28	23.20	12.71	18.42	10.75	8.96	185.94
网格边	20.34	44.12	28.19	18.96	42.23	51.95	42.37	23.27	33.50	19.61	0.51	325.05
外边界	0.26	0.36	0.15	0.30	0.42	0.52	0.21	0.18	0.19	0.19	0.27	3.05
内边界	18.88	25.11	26.30	14.85	39.84	48.99	40.01	22.00	31.40	18.31	17.56	303.25
堤防型边	1.21	18.65	1.75	3.80	1.96	2.44	2.16	1.09	1.91	1.12	0.00	36.09
道路网格	1.21	2.08	1.55	1.24	2.03	2.75	2.18	1.12	2.46	1.27	0.55	18.44
建筑物网格	3.01	13.01	7.65	4.99	7.14	4.90	3.82	2.43	2.69	1.13	1.21	51.98

（3）网格属性赋值

完成网格剖分后，利用基础地理信息、高分辨率影像等数据，为每一个网格赋属性值，包括高程、水文产流参数、排水能力、地类占比、糙率、初始水位等。

网格高程通过DEM直接赋值，在后续分析和应用过程中，需要重点关注局部微地形的高程是否合理，局部高程数据的异常将会使对汇流过程的模拟脱离实际情况，而网格数量巨大，因此对高程数据的完善将会在模型后续应用中不断进行。

对于初始水位，需要与水体面层进行叠加或直接参考高分辨率影像，除了水体面层所覆盖的网格外，一般情况下，初始水位与网格高程一致。

除了高程和初始水位，其他参数的大小均与网格所覆盖地表的土地利用类型密切相关，因此，网格属性中地类占比的可靠性对其他参数的设置至关重要。为此，采用第三次全国国土调查数据对网格的地类占比进行赋值。对于局部重点关注地区或上述数据未覆盖区域，结合图像解译，对网格地类占比进行赋值。

6.4.5 管网水动力模型

管网水动力模型要素可以分为管线和节点,其中管线要素包括排水管、排水渠、抽水管段(泵站)等,节点要素包括雨水口、检查井、排放口、调蓄池等。利用收集整理后的昆明市主城区的地下管网数据,基于"管线—节点"结构,构建对应于排水系统的管网水动力模型,模型构成要素统计情况见表6.4-2,管线总长度4100km。

管网水动力模型要素统计表　　　　表6.4-2

序号	要素	数量(个)
1	排水管渠	233019
2	泵站	97
3	雨水口	61440
4	检查井	170797
5	排放口	2836
6	调蓄池	19

地下管网水动力模型的具体构建过程涉及汇流区划分、排水管网空间拓扑关系建立、管道属性提取赋值、排水口属性赋值、泵站设置等。管网水动力模型(局部放大)如图6.4-3、图6.4-4所示。

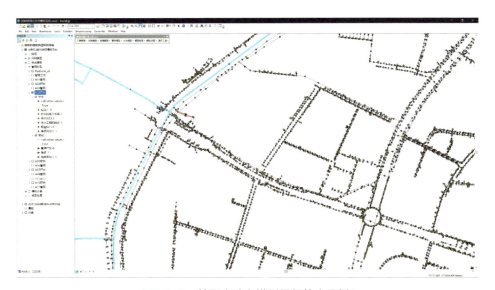

图6.4-3　管网水动力模型局部放大示例1

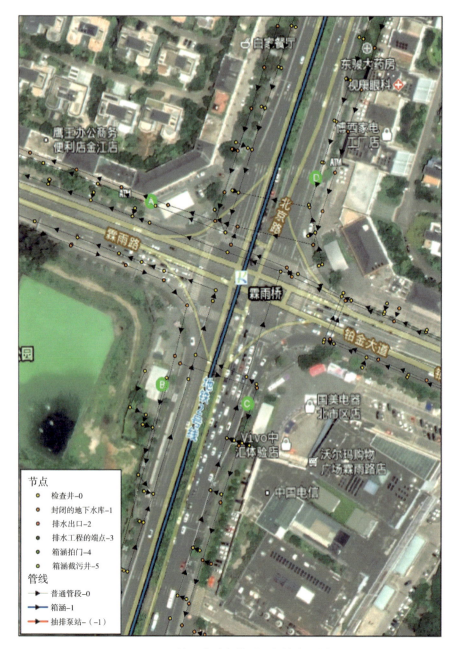

图6.4-4 管网水动力模型局部放大示例2

6.4.6 模型耦合

昆明市城市洪涝模型构建中,各模型耦合方式共涉及四种类型,包括非建成区水文模型与河网模型耦合、建成区地表模型与河网模型耦合、河网模型与管网模型耦合、建成区地表模型与管网模型耦合。

1. 非建成区水文模型与河网模型耦合

首先分析各汇水区与一维河网之间的空间汇流关系，再将经水文模型计算得到的汇水区出口流量以侧向入流的形式加到相对应的河道断面上，或者以边界入流的形式加到河道节点上，从而实现二者的耦合。

2. 建成区地表模型与河网模型耦合

河道断面水位超过堤顶高程或溃口底高程，则由堤顶或溃口处向地表漫溢；而地表水位超过堤顶高程时，也会流入河道。河道与地表之间的水量交换，由二者的水位决定。在河道一维模型中，河道被概化成一系列断面点。在地表二维模型中，河道堤防被概化成堤防型单元边。因此，河道一维模型断面点与地表二维模型的单元边的连接关系是一、二维模型耦合连接的基础。一、二维模型耦合计算时，河道一维模型和地表二维模型统一由耦合调度模型控制推进，并根据河道和地表的实时水位计算河道与地表之间的水量交换。地表与河道的侧向耦合可以通过分析空间位置最近关系来实现自动化耦合，地表与河道侧向耦合节点约25万个。

3. 河网模型与管网模型耦合

管网与河网侧向耦合，主要用于表示管道排入河道的过程，同时适用于受河道高水位顶托，河道水流逆向进入管道的过程。首先根据空间位置，识别并构建管网排水口与河道断面之间的关联关系，以排水口为基准，自动搜索距离最近的河道断面，自动填充各自库表信息，实现自动化耦合，如图6.4-5所示。

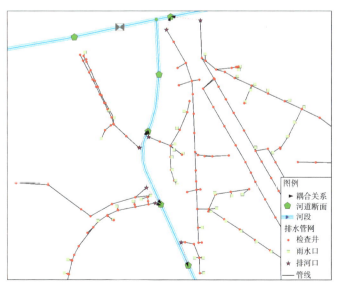

图6.4-5　管网与河网侧向耦合局部放大

4. 建成区地表模型与管网模型耦合

地表与管网竖向耦合，用于表示地表与管网之间经管网节点（雨水口或检查井）之间的水流交换过程。在这种耦合方式中，首先根据空间位置，识别并构建每个雨水口或检查井与所在地表单元之间的对应关系。在昆明市城市洪涝模型中，地表与管网竖向耦合（图6.4-6）节点约24万个。

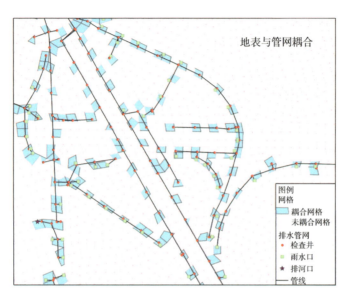

图6.4-6 地表与管网竖向耦合局部放大

6.4.7 模型调试及可靠性分析

1. 典型降雨过程模拟

（1）降雨过程

据气象统计分析，2021年6月28日20时至29日2时，6h间主城出现大到暴雨天气，强降雨主要集中在官渡、西山、盘龙部分街道。降雨量超过50mm的有13站，超过25mm的有46站，超过10mm的有22站。降雨量超过50mm的站点有：官渡区西庄92.4mm、官渡区政府89mm、官渡区关锁79.6mm、官渡区中闸77.5mm、官渡区羊甫77.1mm、盘龙区金星立交桥74.9mm、官渡区小板桥70.9mm、官渡区中营69.6mm、官渡区昆玉高速路政管理69.6mm、盘龙区煤机厂61.3mm、西山区普坪社区51.2mm、盘龙区人民东路51.1mm、盘龙区联盟50.4mm。

（2）滇池水位条件

收集海埂站和中滩站逐5min水位过程数据，具体过程如图6.4-7所示。

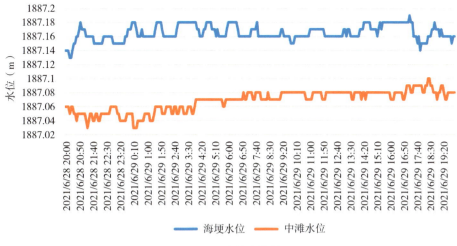

图6.4-7 滇池水位过程

海埂站和中滩站均位于滇池外海，根据空间位置，洛龙河及以南河流下游边界水位条件采用中滩站数据，洛龙河以北至金柳河下游边界水位条件采用海埂站数据。针对草海入流河道的下游边界问题，参考草海汛限水位低于外海汛限水位0.5m，故将同时刻海埂站水位扣减0.5m作为草海入流河道的下游边界控制水位。

（3）水工程调度情况

对于水库、闸坝、泵站等具有调度功能的水工程，按照实际调度过程进行设置，对于没有资料记录的，按照调度预案进行设置。

（4）河道水位（流量）监测情况

有水位（流量）过程实测数据的断面包括采莲河（广福路）断面、大清河（张家庙）断面、盘龙江（敷润桥）断面、金汁河防汛水文站断面、老运粮河防汛水文站断面、宝象河断面。

（5）地表积水监测情况

根据昆明市防汛一张图指挥系统，在此次降雨过程中共产生19个积水点，其中重度积水点4个〔老石安公路（碧鸡医院）、商博路与昆洛路交叉口、云大西路（昆玉高速桥下段）、珥季路大澡堂〕、中度积水点7个、轻度积水点8个。

（6）模拟结果分析

1）河道关键断面水位、流量结果分析

在收集的实测资料中，除盘龙江（敷润桥）断面同时具有水位、流量监测数据，其他重点关注断面仅有水位监测数据。图6.4-8给出了各个断面的模拟

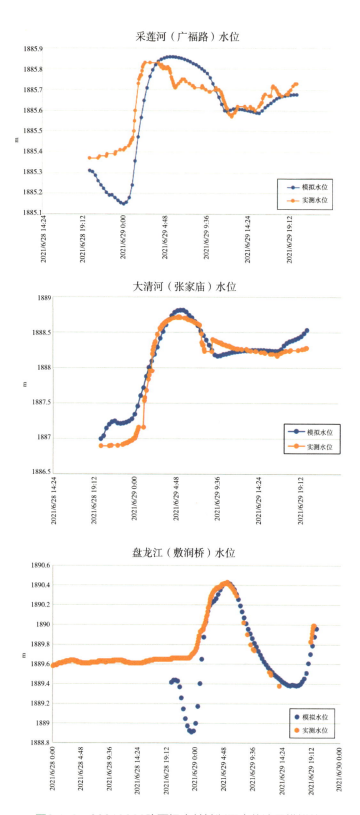

图6.4-8 20210628降雨场次关键断面水位流量模拟结果

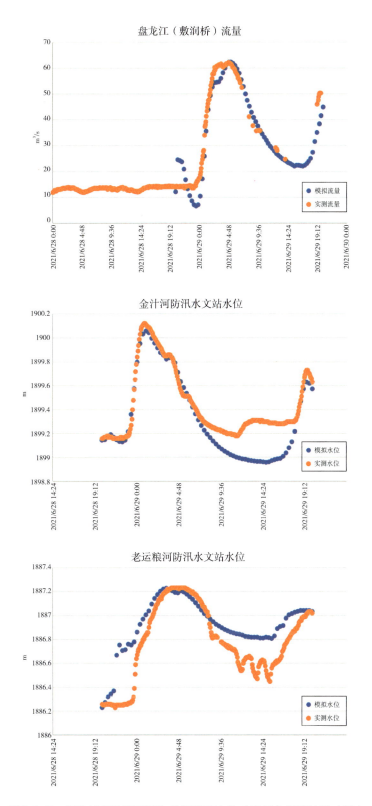

图6.4-8　20210628降雨场次关键断面水位（流量）模拟结果（续）

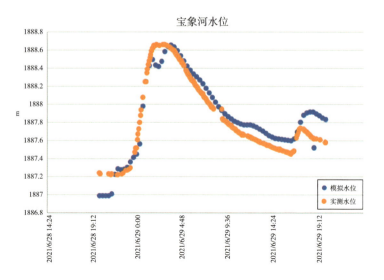

图6.4-8　20210628降雨场次关键断面水位（流量）模拟结果（续）

值和实测值的对比情况。

2）地表积水模拟结果分析

上报的19个积水点中，有18个积水点被成功模拟，其中下穿隧道、涵洞、立交桥的模拟效果较好，全部命中，而处于道路平坦地区的积水点可能因为DEM精度限制，导致模型难以反映局部低洼点，或是降雨期间的管网堵塞而造成模拟失真，需要进一步搜集相关资料进行分析。

对某具体积水点的积水原因分析，需要从该点的地理位置、汇水区域、管网分布、上空降雨过程等方面入手，总结当前积水事件的发生条件和事件起因。

下面以老石安公路（碧鸡医院）段的积水点分析为例进行说明。该积水点为高架桥立体结构。在2021年6月28日场次降雨过程模拟中，累积降雨量60.7mm，最大小时降雨量27mm。模拟结果显示该点附近的积水情况及水深过程线如图6.4-9、图6.4-10所示。最大积水深与上报积水水深误差在允许误差之内。水深过程线显示降雨雨峰与最大水深对应，积水点涨水落水过程与降水过程一致。进一步对其周围的汇水关系以及管网汇流模拟结果进行分析，可得出如下结论，该处地形低洼，汇水区范围较大，虽然周围排水设施充足，但该积水点对短时强降雨反应敏感，易产生积水，但充足的排水设施能够有效地在合理时间范围内疏散积水。可以预见，在强降雨过程中该点会出现短暂的交通中断，这与该点收集的相关信息和其他降雨场次的表现一致，认为模型对该点的模拟基本正确。

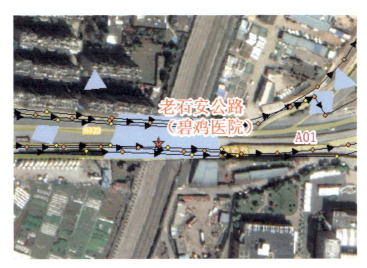

图6.4-9 积水模拟情况

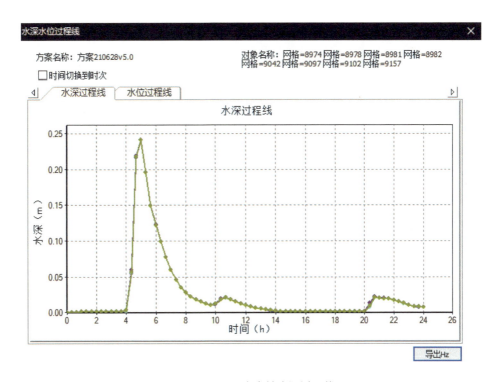

图6.4-10 积水点处水深过程线

2. 模型合理性分析汇总

按照上述针对典型降雨场次的分析过程，对其他降雨场次过程开展合理性分析工作。结果表明，城区洪涝模型对积水点模拟的平均命中率高于70%，河道关键断面模拟洪峰流量或水位误差在20%以内。

6.4.8 模型应用

作为科学应对灾情的分析工具，通过对不同工况条件（涵盖降雨、上游来洪、滇池水位、水工程调度等）组合下的洪涝情景方案进行模拟分析，昆明市城市洪涝模型能够为昆明市各级防汛业务人员提供汛情发展态势信息，提升防汛人员的分析预判、指挥决策的能力，充分发挥现有城市防洪排涝工程的作用，有效减少潜在的洪涝损失，提高灾害性天气条件下保障城市运行的能力，提高社会服务能力。

1. 设计暴雨情景下洪涝风险分析

按照不同暴雨重现期（1年、2年、3年、5年、10年、20年、30年、50年、100年一遇）和不同降雨历时（1h、3h、6h、12h、24h）进行组合，构建了45种降雨方案计算24h降雨历时下不同暴雨重现期的洪涝风险图，进行城市洪涝风险分析。

2. 极端降雨条件下城区洪涝风险分析

2021年7月，受台风"烟花"外围影响，郑州市发生了历史罕见的持续特大暴雨过程，暴雨中心主要集中在郑州市市区。2021年7月17日8时至7月22日6时，郑州市地面平均雨量达到518mm，相当于北京市1年的降雨量。此次降雨最大1h、3h、6h降雨量以及最大点雨量也都发生在郑州市，分别为201.9mm、310.8mm、389.7mm和987mm。据中国气象局统计，郑州市"7·20"大暴雨201.9mm的小时雨强，不仅超过1975年8月上旬河南省特大暴雨中189.5mm最大小时雨强，以及北京市2012年"7·21"特大暴雨中观测到的最大小时雨量（100.3mm），而且刷新了我国城市最大小时雨强的纪录。此次大暴雨无论是降雨量还是降雨强度都是罕见的，属于极端暴雨事件，远远超过郑州市承受防洪的能力。"7·21"特大暴雨造成地铁、地下通道等设施积水倒灌，道路、桥区隧道严重积水，车辆浸泡，人员伤亡，经济损失重大。

基于郑州市"7·20"暴雨特征，分析模拟若昆明市发生同等强度降雨的城市洪涝灾害情况。模拟计算情景为：主城区最大小时雨强201.9mm，24h累积降雨594mm，松华坝水库按城市安全泄量150m³/s控制下泄，滇池水位按照限制1887.2mm起调，各工程按照预案运行。

模拟结果显示，昆明城区内大部分区域有0.15m以上深度的积水，主要道路严重积水。

7

华南山地典型城市洪涝模拟
——以深圳河湾片区为例

7.1 自然地理

深圳河湾流域包括深圳河和深圳湾流域，位于珠江口东侧，东起梧桐山，西至珠江口东岸，北起牛尾岭、鸡公山、羊台山，南至香港新界四排石山、四方山，面积293.1km²。

深圳河是深圳市和香港特别行政区界河，发源于梧桐山牛尾岭，由东北向西南流入深圳湾，流域面积约291km²，其中深圳市一侧（右岸）约166km²，香港地区一侧（左岸）125.0km²，河长37.6km，河道比降1.1‰。水系分布呈扇形。深圳河中上游流经台地河低丘陵区，坡度较陡，河床比降为2‰~4‰，比降较缓，河床纵比降仅为0.2‰~0.5‰。深圳河下游河段为感潮河段，潮流界可达三岔河口。深圳湾为半封闭海湾，东接深圳河，西连珠江口内伶仃洋，主要河流包括大沙河、新洲河等。湾内纵深约14km，平均宽度7.5km，平均水深仅为2.9m，湾内水域面积92.17km²，湾口至湾顶长18.5km，海床18.5km，海床高程大部分在-7~-1m，比降约0.3‰，集水面积655km²。主要河流概况表如表7.1-1所示。

深圳河湾流域主要河流概况表　　　　　　表7.1-1

流域名称	支流名称	流域面积（km²）	河道长度（km）	上游水库
深圳河流域	莲塘河	10.1	13.24	
	沙湾河	68.52	14.08	深圳水库
	布吉河	63.41	10	笋岗滞洪区、三联水库
	福田河	14.68	6.77	
	皇岗河	4.65	1.79	
深圳湾流域	新洲河	21.5	11.3	梅林水库
	凤塘河	14.98	2.47	香蜜湖水库、禾镰坑水库、莲塘尾水库
	小沙河	3	2.5	
	大沙河	92.26	8	西丽水库、长岭皮水库、钳颈水库

深圳河湾流域主要水库有20座（中型水库4座，小型水库17座），总库容12152万m³，兴利库容8263万m³；区内深圳水库、梅林水库、西丽水库、长岭皮水库4座中型水库是东部供水与东深供水工程主要节点，总库容10798万m³；

17座小型水库除5座仍有供水任务外，其余大多数用于防洪兼顾景观。

流域总的地势是东北高西南低，沿岸地势平坦。深圳河湾支流上游河流短小，山高坡陡，洪水陡涨陡落；下游为海滩冲积平原，地势平坦，山地较少，河流两侧地势低洼。深圳河口至尖鼻咀段湾顶为河口冲积区，沿岸平坦多沙，拦门沙发育，滩面高程大多在−1m以内。

深圳湾以东角头至对岸白泥为界，将深圳湾分为前湾和后湾。前湾潮强水深，水底高程大多在−4m以下，深圳湾潮流受地形限制，其流向与深圳湾走向基本一致；后湾又以尖鼻咀分为河口冲积区和潮流滞缓区，其中东头角至尖鼻咀段潮流滞缓区高程大多在−4～−1.5m。

7.2 降雨特点

深圳市地处我国东南沿海台风频繁登陆地区，属亚热带海洋性气候，降雨充沛相对集中，受锋面雨、台风雨影响，暴雨洪涝频发。区域内降雨量时空分配非常不平衡，夏季常受到台风侵袭，容易形成局部暴雨和洪涝灾害，降雨年内分配极其不均匀，多年平均降雨量1932.9mm，雨量出现在汛期（4～9月），降雨量大而集中，多以暴雨形式出现，约占全年降雨总量的80%。夏季盛行偏南风，高温多雨；秋、冬季节盛行东北季风，天气干燥少雨。

在影响深圳市强降水过程中，还存在更集中的强降水过程。这些集中的强降水过程，完成了整场长历时降雨的大部分降雨量。一场长历时的暴雨过程，可看成由若干更集中的暴雨过程组成。选择2009～2017年几场典型的大暴雨过程，如表7.2-1所示。

2009～2017年典型长历时强降水过程及集中强降雨过程统计表　　表7.2-1

序号	降雨过程	降雨开始时间	降雨结束时间	降雨总历时（h）	单站最大雨量（mm）	单站最大雨量站	所属地区
1	长历时强降雨	2009/6/13 15:30	2009/6/15 4:00	36.5	131.6	岭下	大鹏
	集中强降雨	2009/6/14 0:45	2009/6/14 1:55	1.2	100.1	南山	南山

续表

序号	降雨过程	降雨开始时间	降雨结束时间	降雨总历时（h）	单站最大雨量（mm）	单站最大雨量站	所属地区
1	集中强降雨	2009/6/14 23:00	2009/6/15 0:55	1.9	104.3	岭下	大鹏
2	长历时强降雨	2011/6/11 12:55	2011/6/12 12:05	23.2	170	蔡屋围基	罗湖
2	集中强降雨	2011/6/11 14:45	2011/6/11 17:15	2.5	137.9	蔡屋围基	罗湖
3	长历时强降雨	2014/5/11 3:00	2014/5/13 15:25	60.4	456.8	龙华	龙华
3	集中强降雨	2014/5/11 6:55	2014/5/11 17:25	10.5	420.7	龙华	龙华
3	集中强降雨	2014/5/13 10:50	2014/5/13 13:25	2.6	148.5	西涌	大鹏
4	长历时强降雨	2016/5/20 8:10	2016/5/21 14:40	30.5	434.1	南澳	大鹏
4	集中强降雨	2016/5/20 12:15	2016/5/20 16:45	4.5	125.3	西涌	大鹏
4	集中强降雨	2016/5/20 23:40	2016/5/21 6:25	6.8	352.6	南澳	大鹏
5	长历时强降雨	2017/5/24 1:25	2017/5/24 21:25	20	190.1	西涌	大鹏
5	集中强降雨	2017/5/24 5:50	2017/5/24 11:15	5.4	143.8	西涌	大鹏

表7.2-1中列举的大暴雨过程，长历时的强降水持续时间均在20h左右，单站场次最大雨量在100mm以上，属于长历时的极端强降水过程。这些长历时的强降水过程中，都含有更为集中的强降雨过程。而这些更为集中的强降雨过程，基本完成了主要的暴雨过程。如2014年"5·11"大暴雨中，出现2次集中强降水过程。"5·11"大暴雨单站场次最大站为龙华站，整场雨的降雨量为456.8mm。而其中10.5h历时的集中强降雨，龙华站降雨量就达到420.7mm。也就是说，"5·11"大暴雨集中出现在10.5h的降雨过程中。2017年"5·24"大暴雨，西涌站为最大雨量站，降雨量为190.1mm，而其中5.4h历时的集中强降雨过程中，西涌站总雨量为143.8mm。该站在5.4h的集中强降雨过程中完成了75%以上的降雨量。这种类型的大暴雨，造成的洪涝灾害更为严重。

本节对深圳市近20年的短历时强降水特征进行分析。经分析，深圳市短历时强降水的时空分布特征可以分为三类：第一类，降雨自城市西北部开始，然后快速移动到城市中南部及东部地区，移动速度很快，基本在180min之内横扫深圳市。第二类，降雨自东南部开始，向西部和北部扩散，一直扩散到城市的西北部，但是雨带移动速度比第一类降雨慢。第三类，降雨过程比较集中，雨带的移动速度较慢。

第一类降雨，180min之内，暴雨中心自西部快速移动到东南部，移动范围大，移动速度快。第二类降雨时空特征，180min之内，降雨中心从东南部开始，向西部、北部地区扩散，移动范围比第一类小，移动速度也没有第一类快。第三类降雨时空特征，180min之内，降雨质心基本没有发生移动，降雨质心基本集中在城市的中部。由此可见，该类型的降雨过程分布较均匀，暴雨中心移动速度缓慢。

第一类降雨通常是由诸如飑线这样的强对流天气引发的，通常发生在冷暖空气激烈交汇的4~5月。第二类降雨通常是由东风波或台风引发的，降雨云团来自东部海上，多出现在6~9月。第三类降雨则多为南海季风引发的降雨，多出现在5~7月。

7.3 洪涝特点

据统计，深圳市建市近40年来共发生洪、涝、潮灾害30余次，平均每年近一次。据不完全统计，造成经济损失50余亿元，死亡100余人。自2010年至今，影响较大的几场洪涝灾害介绍如下：

（1）2010年7月28日凌晨起，全市普降暴雨，局部大暴雨。降雨持续时间长、范围广、强度大。28日0时至29日8时，全市平均降雨量110mm，最大降雨量282mm，最大1h降雨量85mm。全市共约90个地段发生严重积水，最深约1.5m。

（2）2011年6月28日夜间至29日，受西南季风、低压槽影响，全市出现大雨到暴雨、局部大暴雨。全市最大降雨量178mm，最大1h降雨量78mm。此次强降雨造成近20处路段积水。

（3）2012年4月19日上午起，部分地区先后出现强降雨，主要集中在宝安区、光明新区。降雨最大3h降雨量达79mm。此次暴雨共造成深圳市80多处区域、路段出现短时积水，其中有20多处严重积水。

（4）2012年4月29日凌晨，全市出现持续强降雨，降雨中心位于宝安区西部及光明新区，最大1h降雨量97mm，最大3h降雨量165mm，降雨频率超20年一遇。此次暴雨共造成深圳市约120处区域、路段出现不同程度的洪涝、积水。

（5）2013年8月13日，受台风"尤特"影响，全市普遍出现大风和持续降雨，平均降雨量48mm。据气象部门测报，16日8时至17日8时，全市累积降雨量超过100mm的站点有37个（约占31%），最大降雨量213mm，最大1h降雨量达95mm，局部地区降雨频率超20年一遇，致使全市发生120多处积涝、9起地质灾害、15处河堤受损等险情灾情，12座水库排洪。

（6）2013年8月30日凌晨起，受雷雨云团影响，全市平均降雨量78mm，累计最大降雨量240mm，最大1h降雨量114mm。此次降雨突发性强，来势凶猛，局地分布不均，降雨频率超100年一遇，龙岗坂田道路1h降雨量114mm，为当地有气象记录以来的最大值，布吉河流域洪水超20年一遇。

（7）2014年3月30日傍晚起，受持续雷雨云团影响，深圳市大部分地区出现强降雨，市气象台最高发布红色预警信号。30日傍晚至31日凌晨，全市平均降雨量125mm，最大累计降雨量达318mm，最大1h降雨量达115mm（深圳市有气象记录以来的最大值），局部降雨频率超50年一遇，是深圳市近30年来3月出现的最强大暴雨。此次强降雨导致全市约200处不同程度的积水及洪涝。

（8）2014年5月11日清晨，深圳市自西向东出现强降雨，市气象台最高发布暴雨红色预警。强降雨主要集中在11日6时至22时，期间全市平均降雨量226mm，降雨中心的南山区、龙华新区最大累计降雨量超过430mm，最大1h降雨量为90mm。此次降雨具有持续时间长、短时强度大、影响范围广等特点，是继2008年"6·13"超百年特大暴雨发生以来出现的最大暴雨。

（9）2016年5月10日，受强雷雨云团影响，深圳市自西向东出现强降雨。此次降雨历时约5h，全市平均降雨量72.7mm，累计最大降雨量122.7mm，最大1h降雨量为86.5mm。全市有5座小型水库自然溢洪，4处河道发生漫堤。此次暴雨造成全市洪涝积水100余处，主要位于暴雨中心的宝安区和龙华新区，积水最严重的区域深度最高达80min。

（10）2018年6月5日至8日，受台风"艾云尼"影响，全市平均降雨量312mm，最大累计降雨量545mm，最大1h累积降雨量124mm，最大3h累积降雨量191mm，此次暴雨造成全市洪涝积水约20处。

（11）2018年8月29日，深圳河流域普降暴雨，上游降特大暴雨，其中布吉站最大24h降雨量达417.2mm，创1952年以来8月最大记录。据统计，此次暴雨造成全市10余条小河流出现不同程度的漫堤洪水；城区出现300多处积水，主要分布在龙岗、罗湖、宝安、坪山、大鹏等区域。

（12）2019年4月11日21:06开始，强飑线自西向东快速扫过深圳。本次强飑线过程对深圳市影响结束，历时仅1h42min。福田区、罗湖区是本次强飑线过程的降水中心，记录到50～80mm雨量，罗湖区、福田区累积降雨量超过70mm的区域有近70km²。广东省气象台和中央气象台专家定性此次降雨为"4·11深圳短时极端强降水天气"事件。暴雨导致16名在地下暗渠、暗涵作业的人员被冲走，最终5人幸存、11人遇难。

根据历年灾害特征统计分析，深圳市一般连续24h降雨量大于200mm，都会造成不同程度的洪涝灾害。洪涝灾害呈现时间分布不均、地理分布差异大、全局性少而局部性多的特点。深圳河流域特殊的气象水文、地形地貌以及城市化程度，导致洪涝灾害的产生、发展和影响。综合分析30余场洪涝灾害，具有如下特性。

1. 降雨强度大、历时短

深圳河流域地处华南湿润气候区，天气系统造成暴雨的特点是来势汹、强度大、雨量集中、历时短。根据深圳水库雨量站1969～2012年实测降水资料，流域内多年平均降水量为1926.4mm，年最大降水量为2662.9mm（1975年），年最小降水量为912.5mm（1963年）。其中，汛期（4～9月）降水量占全年降水量的90%左右，4～6月为前汛期，主要受峰面和低压槽的影响，7～9月为后汛期，主要受台风和热带低气压影响，一次台风过程的降水量可达300～500mm。10月至翌年3月降水量占全年降水量的10%～15%。多年平均降水天数为139天。

流域内暴雨量的年际变化相对较大，根据深圳水库雨量站实测年最大24h降雨资料分析，历年最大24h降雨量为386.2mm（1994年），历年最小年为115mm（2004年），前者约为后者的3.4倍，多年平均年最大24h降雨量为203.7mm。

2. 上游山洪对建成区影响显著

深圳河流域属海湾地貌带，地貌反差强烈。莲塘河、梧桐山河等流域内的河道大多具有上游河流短小、山高坡陡、洪水陡涨陡落的特征；下游为海滩冲积平原，地势平坦，山地较少，河流两侧地势低洼。此外，流域内的笔架山等山区开发带来蓄水能力减少和汇流速度加快，山洪难以得到缓冲而直接冲击城区。

3. 风暴潮对平原区排水顶托作用明显

深圳河为感潮河道，若暴雨遭遇高潮顶托，极易造成排水不畅从而导致洪涝。如2008年6月13日至6月18日，广东省普降大到暴雨、局部特大暴雨，全省64个县市发布了暴雨预警信号。深圳市受强雷雨云团影响，发布了高级别暴雨预警——暴雨红色预警信号。6月13日当日，全市降雨量超过200mm，其中宝安区石岩站降雨量超过600mm，暴雨重现期超100年一遇，且遭遇天文大潮，受高潮位顶托造成河道排水不畅，导致市内多处地段洪涝或严重水淹。三洲田水库、铁岗水库、石岩水库、西丽水库、深圳水库等主要水库超防洪限制水位，并进行泄洪。沿海地区整体地势低洼，易受洪、涝、潮共同威胁。

4. 天然水循环系统被城市化打破

城市化打破了原有水循环系统，建成区的产流增大，汇流加快，存在防洪排涝工程设计标准不协调、排水设施能力不足、管理仍有不到位的情况。

（1）与多数城市一样，深圳河流域内城市化程度高，大面积城市扩张和建设导致不透水面积增加，蓄水水面面积与河网密度减少，大大降低了地表的入渗与拦蓄径流作用。城市开发建设导致不透水面积扩大，地表下渗量和补给地下水量减少，同时导致径流量和洪峰流量加大，洪峰提前出现。自1980年至今，深圳市土地利用结构的变化主要表现为城镇用地迅速增加，农林用地持续减少。深圳市城市综合径流系数由1980年的0.44增长为2020年的0.62，较40年前增加了41%，在相同强度的降雨情况下，产生的地表径流量就会增加41%。在老城区，由于排水管道最初设计时是按当时的地表径流系数确定管道管径的，在流量大幅增加的情况下，必然出现雨水不能及时排出、局部出现积水洪涝的现象。

（2）防洪排涝工程和各类城市公共设施的建设，如皇岗河、笔架山河等暗沟化，道路及地下管网等基础设施的大量建设，调整了洪涝的行泄通道，改变了自然水系格局，打破了原有水循环系统。而早期城市开发建设对地下排水系统缺乏系统性规划，排水管网设计和建设无法跟上城市建设及人口迁移的步伐，现有的排水管网不能满足急剧膨胀的排水需求。深圳市排水设计执行国家标准，大部分地区暴雨重现期采用1年一遇，近年来新建成区域排水管网建设标准暴雨重现期已提高至2年一遇，但与发达国家城市排水设计标准普遍为5~10年相比，深圳市排水管网建设标准显著偏低，当暴雨强度超过设计规模时，现状管道无法及时排除雨水，必然形成洪涝积水。截至2015年，全市排水管网总长12152.56km，其中原特区内2861.02km，排水管网密度为6.94km/km²，现有的排水管网密度远不及发达国家的建设水平。

（3）城市建设产生了大量有利于雨水聚集和洪涝形成的局部微地形，例如下穿式立交桥、以深圳火车站为代表的地下交通枢纽、大量的商场、地下停车场等地下空间等，形成了新的受洪涝威胁的敏感部位。地面沉降导致管网结构性破坏，也是造成局部区域排水不畅、洪涝的问题之一。

5. 灾害对社会经济影响巨大

和多数特大型城市一样，城市经济类型的多元化及资产的高密集性致使城市的综合承灾能力脆弱，在同等致灾条件下的损失总量增大，概括起来主要有：洪涝对城市交通的影响显著，特别是立交桥下的积水往往成为交通干道拥堵的瓶颈，严重时造成交通中断或瘫痪；洪涝灾害对工业生产的影响表现在阻断物资运输，厂房进水或物品设备受淹泡，严重的洪涝可致使部分企业停产，造成经济损失。

7.4　洪涝模拟

深圳河湾片区精细化洪涝模型用于深圳河湾片区在多种设定情景下的风险分析，解决洪涝风险图编制以及防洪排涝能力评估等方面的工作，由于无时效性要求，拟采用较为精细的概化与计算方式。

对于深圳河湾片区建成区，包括福田、罗湖、南山的城市中心区和龙岗区的布吉、南湾街道的建成区，采用以水力学为主的模拟方法，以地表剖分的若干网格为计算单元，模拟降雨产流、地面汇流，以管段为单位模拟管网汇流，以河道断面为单位模拟河道汇流，以水工建筑物的水力学计算方式模拟水工建筑物的调度，并进行耦合计算。对于深圳河湾片区内非建成区和深圳河流域香港地区部分，采用水文为主的概化模拟方法，以水利工程为控制断面划分子流域，以子流域为计算单元模拟降雨产流、地面汇流、河道汇流等水流过程，计算流域出口断面的流量过程。耦合上述模型，实现深圳河湾片区城市洪涝模拟。

基于深圳河湾片区洪涝特点和数据条件，本项目分别构建全流域水文产流模型、水文与水动力结合的河道模型，分块构建地表二维模型、地下管网模型精细化洪涝模型，再通过模型耦合技术将这些模型联合起来进行模拟计算，模型结构如图7.4-1所示。

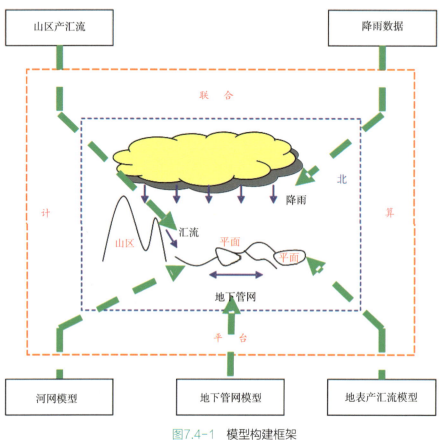

图7.4-1 模型构建框架

7.4.1 水文模型构建

针对深圳河流域、深圳湾流域分别构建了以排水分区为计算单元的地表产汇流和河道演算的水文模型。

深圳河流域共划分59个排水分区，其中深圳市49个、香港地区10个，构建了59个排水分区的流域产汇流水文模型，水文模型结构如图7.4-2所示。

深圳湾流域共划分27个排水分区，构建了27个排水分区的流域产汇流水文模型，水文模型结构如图7.4-3所示。

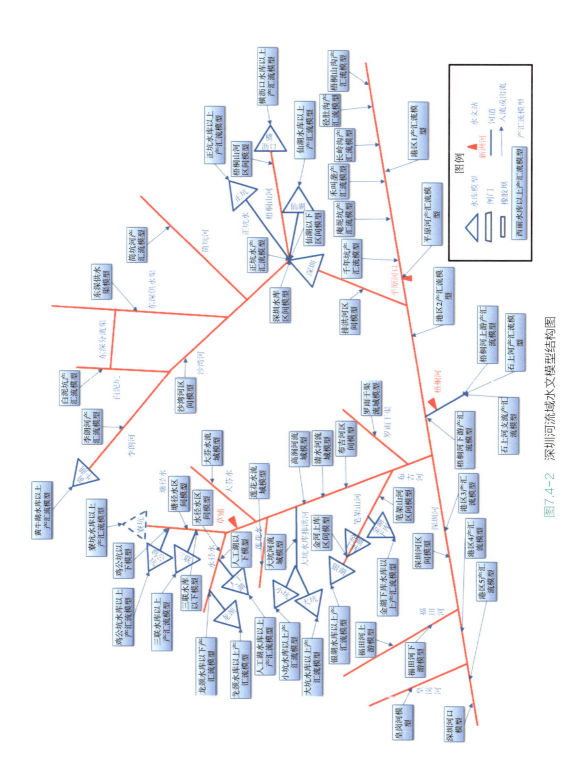

图7.4-2 深圳河流域水文模型结构图

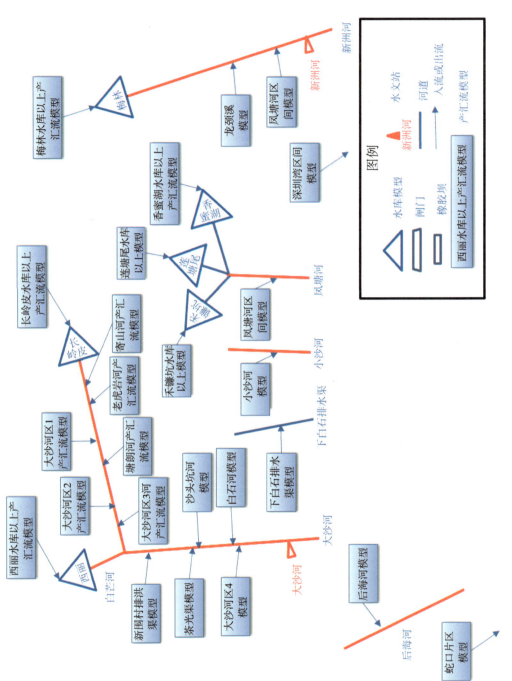

图7.4-3 深圳湾流域水文模型结构图

7.4.2 水动力学模型构建

1. 河道一维模型构建

对深圳河湾流域防洪排涝河道极其重要的支流建立河道一维水动力学模型，充分考虑河网上重点闸坝工程调度作用，以实现城市河湖水系及防洪工程调度模拟计算。

河道一维模型构建范围包括：深圳河流域的深圳河、莲塘河、沙湾河、深圳水库排洪河、梧桐山河、简坑河、白泥坑河、东深供水渠、李朗河、布吉河、水径水、塘径水、大芬水、莲花水、笔架山河、罗雨干渠、福田河、皇岗河，深圳湾流域的新洲河、凤塘河、小沙河、大沙河、西丽水库排洪渠、后海北河、后海南河。

（1）工程调度概化处理

模型根据洪水调度方案及闸坝调度预案，对模拟的水闸和橡胶坝分别设置调度规则。根据洪水调度方案或闸坝调度预案，大部分闸坝汛期不具备洪水调度作用，具有防洪调度作用的重点闸坝枢纽调度主要是笋岗水闸、沙湾截排闸等的调度。此外，大沙河河口水闸、新洲水闸、凤塘水闸、福田水闸、布吉河口水闸为挡潮闸，模型通过闸前、闸后水位高程控制闸门启闭。

（2）堤防漫流处理

模拟河道的部分区段在超标准洪水时可能出现堤顶漫溢。模型根据堤顶高程和河道水位，采用自由出流的堰流公式，实时计算河道向外漫溢的水量，进入平面区域后参与二维演进计算。

（3）河道参数选择

根据收集的河道纵横断面资料分析，收集的河道竣工或设计图中均标注了河道设计时选取的糙率。本项目对这些竣工图或设计图中已标明糙率的河道，直接选取标明的糙率。对其他河道，根据现场调研的河床特性，同时结合近几年的实测洪水资料，率定河道糙率。

（4）边界条件处理

河道模型的计算边界条件包括：

1）通过设置河道初始水位、闸门启闭状态、橡胶坝升降状态等，设置河道计算的初始条件；

2）通过设置与零维水库模型耦合，设置水库泄流作为河道入流的上边界条件类型；

3）通过设置与地表二维模型耦合，实现河道与地表二维模型的水量交换；

4）通过设置与管网模型、泵站模型耦合，实现河道与管网的水量交换；

5）直接入海的河段，采用潮位过程作为模型计算的下边界条件。

2．地表二维模型构建

（1）绘制控制线

地表二维模型的地表概化时，需要先绘制控制线，以达到最大合理化地贴近地表真实情形。控制线一般主要体现了对水流运动的影响，在城市中最主要的是主要道路。局部道路控制线见图7.4-4。

在绘制控制线过程中，发现收集的数据在匹配方面有些出入，需要先修正后再进行控制线绘制。遇到的主要问题分为四类：矢量数据与影像数据存在偏移、矢量数据缺失、矢量数据与影像数据不匹配、矢量数据未分类等。每类问题示例如下：

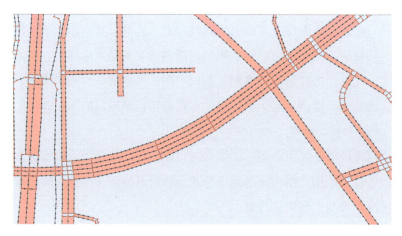

图7.4-4　局部道路控制线及控制点

1）矢量数据与影像数据存在偏移（图7.4-5、图7.4-6）。

图7.4-5　原始数据1

图7.4-6　修正后数据1

2）矢量数据缺失（图7.4-7、图7.4-8）。

3）矢量数据与影像数据不匹配（图7.4-9、图7.4-10）。

4）矢量数据未分类（图7.4-11、图7.4-12）。

图7.4-7　原始数据2

图7.4-8　修正后数据2

图7.4-9　原始数据3

图7.4-10　修正后数据3

图7.4-11　原始数据4

图7.4-12　修正后数据4

（2）控制线处理

依照主要道路初步绘制好控制线，局部复杂区域还需要进一步细致刻画或修正。针对立交桥、主要道路、道路交叉口及重点防护对象处控制线进行细化处理，以显示更精细的地形变化。

1）道路交叉口（图7.4-13、图7.4-14）。

2）重点防护对象（图7.4-15、图7.4-16）。

图7.4-13　原始数据5　　　　　　　图7.4-14　修正后数据5

图7.4-15　原始数据6　　　　　　　图7.4-16　修正后数据6

（3）网格基础高程赋值

网格剖分完成后，为提取网格高程信息数据，网格高程主要采用2m分辨率DEM进行提取，提取高程后的局部展示见图7.4-17。

常规地面地形较好，复杂立交桥区域地形较差。为了反映立交桥周边、重点防护对象周边的地形变化，根据微地形补测数据对其进行精细化处理，使模型更加贴合实际（图7.4-18）。河湾片区约111处位置需要测量，根据现场调查补测了其中有风险的76处；其余部分已通过网络街景等地形资料填充修正。

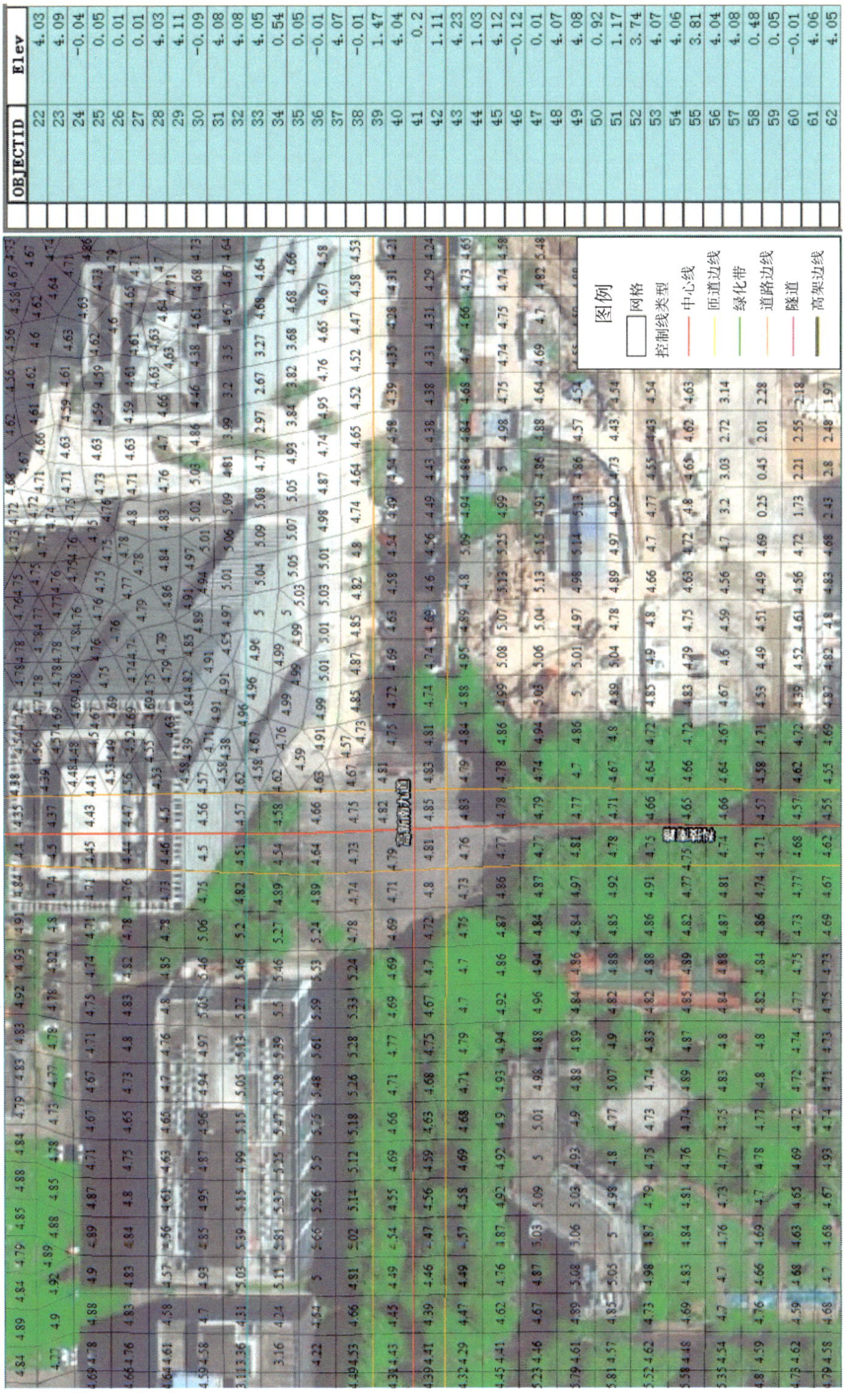

OBJECTID	Elev
22	4.03
23	4.09
24	-0.04
25	0.05
26	0.01
27	0.01
28	4.11
29	-0.09
30	4.08
31	4.08
32	4.05
33	0.54
34	0.05
35	4.07
36	-0.01
37	4.04
38	1.47
39	4.04
40	0.2
41	1.11
42	4.23
43	1.03
44	4.12
45	-0.12
46	4.07
47	4.08
48	4.08
49	0.92
50	1.17
51	3.74
52	4.07
53	4.06
54	4.04
55	3.81
56	4.08
57	0.48
58	-0.01
59	4.06
60	4.05

图7.4-17 提取高程后的局部展示

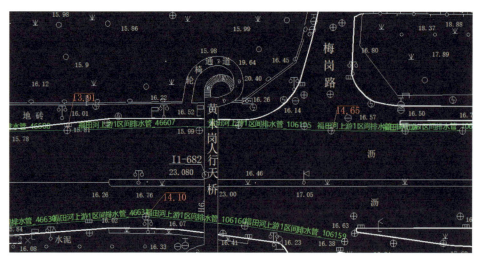

图7.4-18　微地形补测CAD数据示例

（4）建筑物面积修正率提取

由于项目区内房屋分布密集，对洪水的演进有一定的影响。如前所述，模型采用建筑物面积修正系数来模拟建筑物的影响。建筑物面积修正系数，即网格单元网格内建筑物面积与单元总面积的比值。本项目将收集的2015年深圳市建筑普查的建筑物分布数据，与网格图层进行叠加分析，得到建筑物面积修正数。

（5）道路地形赋值

项目区内公路、铁路分布较多，对洪水淹没演进具有较大的影响。地表二维模型将阻水道路概化成道路型边，需设置顶高程，并设置道路上桥涵尺寸。本项目通过从深圳市规划和国土资源委员会收集的基础地形图、街景照片等多种数据源，以及补充测量的数据，分析提取道路的顶高程、桥涵位置及尺寸数据。

（6）阻水构筑物高程提取

地表二维模型将河道左右堤防概化成堤防型边。在与河道一维模型耦合时，可以设置堤顶高程，即根据河道一维模型河道断面数据，提取左右堤高程，赋给相应的地表二维模型的堤防型边。

此外，主要针对易涝点、重点防护对象、立交桥周边的网格边进行阻水型边的设置，筛选方式：马路牙子、低隔离带、高隔离带、墙体及其他特殊情况，共设置阻水型边53213条。

（7）二维模型参数选择

地表二维模型网格的糙率，根据地表土地利用类型数据，参考表7.4-1选取。

地表二维模型网格糙率选取参考表　　　　表7.4-1

下垫面类型	裸地	草地	林地	居住用地	商务政务用地	道路	水体
糙率（n）	0.035	0.06	0.065	0.07	0.05	0.035	0.025~0.035

地表二维产汇流模型下渗参数和排水能力参数，根据土地利用类型数据赋值。其中，地表网格前期损耗和稳定下渗能力取值如表7.4-2所示。

降雨产汇流模型下渗参数赋值列表　　　　表7.4-2

序号	地类	前期损耗（mm）	初始下渗能力（mm/h）	稳定下渗能力（mm/h）
1	裸地	3~5	20~30	10~20
2	草地	8~12	10~25	10~15
3	林地	10~15	10~20	10~15
4	居住用地	4~8	5~15	5~10
5	商务政务用地	4~6	5~10	2~5
6	道路	2~4	0~2	0~2
7	水体	0	0	0

3. 管网模型构建

（1）拓扑模型

考虑到排水管网在模型计算中的重要作用，需要建立排水管网的数据模型与拓扑关系模型。在管网通过管道（管线）的拓扑关系表示，管网与河流的拓扑关系通过河流与断面之间的辅助线表示。管网模型中所使用的主要数据包括：面状河流、线状河流、河流中心线、管线、检查井、排水口、线状河流断面、点状河流断面。

管网的拓扑模型包含三个部分：管网之间的拓扑关系、管网与河流之间的关系、管网和地面之间的关系，后两者的拓扑关系主要在耦合部分完成。

在构建管网之间的拓扑关系时，上下游节点编码构成管网拓扑关系描述。由于属性编码的表示只是逻辑描述，不能保证空间节点位置的一致性，需要专用的GIS拓扑网络描述当前管网的拓扑信息。

（2）管道提取

主要管道数据称为干管数据，模型计算的过程主要是依据干管的排水能力，查找出全部的干管数据能够优化模型的计算过程。干管的判断依据是管道的位置与管道自身的信息。一般位于主要道路上的管道并且管道直径较大的数据称为干管数据，干管数据应该具有良好的拓扑关系，如图7.4-19所示。

根据干管的主要特点，作业人员通过交互辨识出主干管道，然后通过交互选择干管数据，干管之间通过编码维护拓扑关系，该工具能够通过编码自动查找相关的管道数据，记录并构建完善的干管管网数据。

（3）雨水口设置

在模型计算过程中，需要建立地面网格单元与检查井的关系，在数据收集过程中缺失部分检查井数据，因此需要通过管网数据提取检查井数据。考虑到管网的数字化过程，通常可以考虑管道数据的节点作为检查井数据。基于已有管线数据拓扑关系，可以直接提取检查井数据。

（4）排水口设置

在对收集的河网片区内排水口处理的基础上，建立排水口数据与管道河流中心线的拓扑关系。把排水口作为管道入河的延展，同时建立排水口与河流中心线的关系。

图7.4-19　干管数据分布图（局部）

（5）排水口参数设定

排水口是管网末端至河流中心线的延伸。排水口的管径与其衔接的管道节点的排水口一致，排水口的距离以衔接管道与河流中心线的距离为准。排水口的管底高程设定以衔接管道的管底高程为准。选择需要建立拓扑关系的管网末端节点与河流中心线，计算管网末端节点与河流中心线之间距离最短的节点，并记录辅助点和辅助线。

（6）泵站设置

管网模型里的泵站设置主要涉及12个泵站，为罗雨泵站、船步街泵站、建设路泵站、火车站1号排水泵站、火车站2号排水泵站、东广场泵站、罗湖桥泵站、蔡屋围泵站、文锦渡泵站、清秀排涝泵站、新秀排涝泵站、洪湖小区排涝泵站。各泵站附近的关联管网依次见图7.4-20~图7.4-31。

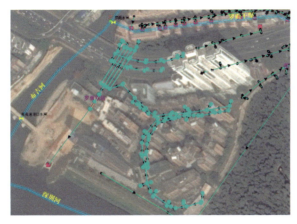
图7.4-20　罗雨泵站

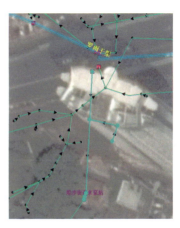
图7.4-21　船步街泵站

图7.4-22　建设路泵站

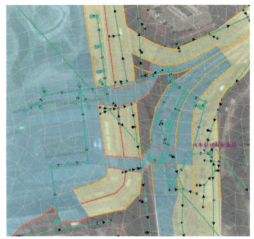
图7.4-23　火车站1号排水泵站

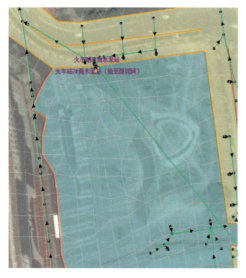

图7.4-24　火车站2号排水泵站

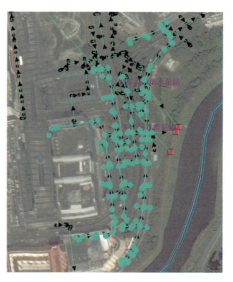

图7.4-25　东广场泵站

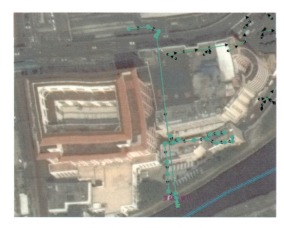

图7.4-26　罗湖桥泵站

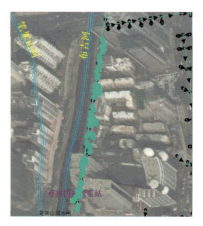

图7.4-27　蔡屋围泵站

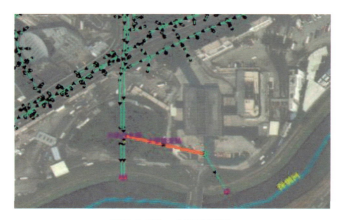

图7.4-28　文锦渡泵站

图7.4-29 清秀排涝泵站

图7.4-30 新秀排涝泵站

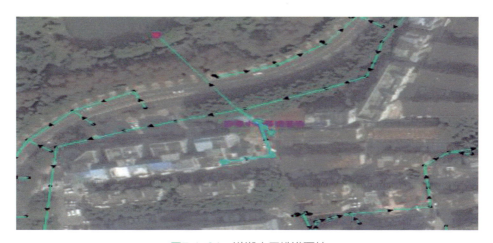

图7.4-31 洪湖小区排涝泵站

4. 模型耦合

（1）河道模型与地表模型耦合

河道断面水位超过堤顶高程或溃口底高程，则由堤顶或溃口处向地表漫溢；而地表水位超过堤顶高程时，也会流入河道。河道与地表之间的水量交换，与二者的水位密切相关。河道一维模型中，河道被抽象为断面点。地表二维模型中，河道堤防被概化成堤防型单元边。因此，河道一维模型断面点与地表二维模型的单元边的连接关系，是一、二维模型耦合连接的基础。一、二维模型耦合计算时，河道一维模型和地表二维模型统一由耦合调度模型控制推进，并根据河道和地表的实时水位计算河道与地表之间的水量交换。

一、二维模型间的耦合工作，主要体现在二维模型网格边数据的属性表中，需要对以下属性进行赋值：类型、第一侧堤顶高程、第二侧堤顶高程、耦合河道对象、耦合断面对象。

（2）河道模型与管网模型耦合

管网模型与河道模型在排水口处发生水量交换，如果河道水位低于出水口，则管网正常向河内排泄雨水，而当河道水位高于管道内压力水头时，则河水向管网内倒灌。因此，针对每个排水口，均需建立排水口与河道断面之间的耦合关系。模型实时计算时，将河道一维模型计算的断面水位实时传递给管网模型，管网模型根据管道内水头与断面水位计算排水口的流量，并传递给河道一维模型。模型计算中需要考虑管网与河道的水交换。管网与河道的关系示意见图7.4-32。

（3）地表模型与管网模型耦合

在管网建成区，根据每个检查井划分的区域，在规划排水能力以内的降雨产流直接进入对应的检查井，超出部分在地面参与二维演进计算。当管道已经充满处于有压状态且水压力高于地面水头时，在检查井处出现管道雨水的反灌。在没有管网的非建成区或者无管网资料的地区，其雨水产流在规划排水能力以内的部分按照小流域的汇流关系进入对应的河道断面，超出部分参与地表演进。

（4）主要关注对象进行重点细化建模

针对河湾片区内主要关注对象，进行重点细化构建。选取几个点作为示例进行介绍，主要包括水库、蓄滞洪区、立交桥以及地势低洼区域。

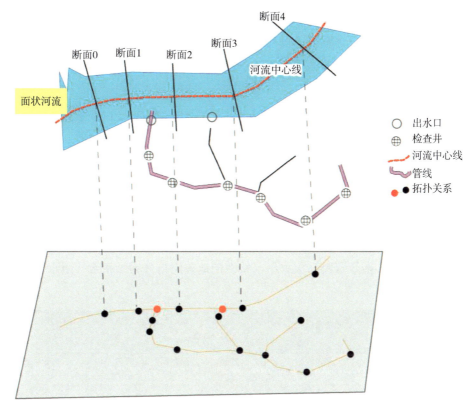

图7.4-32 管网与河道的关系示意图

1）深圳水库

对深圳水库及与其相连的沙湾河、梧桐山河、正坑水、深圳水库排洪渠等河流的连接关系分析后，结合水库防洪调度方案，采用零维水体模型构建深圳水库模型，建立与深圳水库相连的4条河的河道模型，同时耦合直接汇入深圳水库的区间水文模型。设置深圳水库与4条河道模型的纵向耦合关系，构建"上游河流—深圳水库—下游河流"串联的联合调度模型。

2）罗芳立交桥

罗芳立交桥位于沿河北路与怡景路的交叉口，立交桥匝道众多，结构较为复杂，上层为怡景路，下层为沿河北路。其中，罗芳立交桥东南侧沿河北路至罗沙路匝道、罗芳立交桥东北侧罗沙路至沿河北路北向匝道、罗芳立交桥西北侧沿河北路至怡景路匝道、罗芳立交桥西南侧怡景路至沿河北路匝道高出周边辅道2m以上，为阻水型道路。罗芳立交桥下沿河北路以及4个方向的下穿桥洞地势较低，为易积水区域。

结合影像、街景资料，根据积水特性把地表网格分为易积水、阻水、普通三类，把阻水道路构筑物分为高隔离带、低隔离带、马路牙子、虚拟涵洞边等类型，对阻水高度分别赋值。再利用高程数据修订地面模型高程信息，进而构建了罗芳立交桥精细化地形模型，如图7.4-33所示。

3）新秀立交桥

新秀立交桥位于沿河南路、沿河北路与深南东路的交叉口，上层为深南东路，下层为沿河南路、沿河北路。其中，深南东路、新秀立交桥西北侧沿河北路至深南东路匝道、新秀立交桥东南侧深南东路至沿河南路匝道、新秀立交桥东北侧深南东路至沿河北路匝道为阻水型道路；桥下沿河南路和沿河北路、新秀立交西北侧辅路以及立交桥西侧深南东路的下穿桥洞地势较低，为易积水区域。

结合影像、街景资料，根据积水特性把地表网格分为易积水、阻水、普通

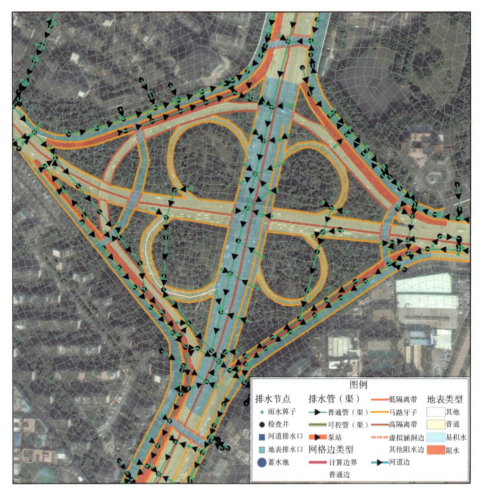

图7.4-33 罗芳立交桥桥区精细化模型示意图

三类,把阻水道路构筑物分为高隔离带、低隔离带、马路牙子、虚拟涵洞边等类型,对阻水高度分别赋值。再利用高程数据修订地面模型高程信息,进而构建了新秀立交桥精细化地形模型,如图7.4-34所示。

4)雅园立交桥至东门中路

雅园立交桥位于笋岗东路与文锦北路、文锦中路的交叉口,上层为文锦北路、文锦中路,下层为笋岗东路及其辅道,立交桥匝道、辅道众多,结构复杂。雅园立交桥南侧东门中路与文锦中路交会口亦是多层立交结构。其中,文锦北路主路、文锦中路主路、雅园立交桥西南侧笋岗东路至东门中路匝道为阻水型道路;雅园立交桥下南北两侧东西向下穿桥洞、雅园立交西北侧文锦北路至笋岗东路辅道、文锦中路南向北辅道、文锦北路南向北辅道、东门中路(文锦中路高架桥下)地势较低,为易积水区域。

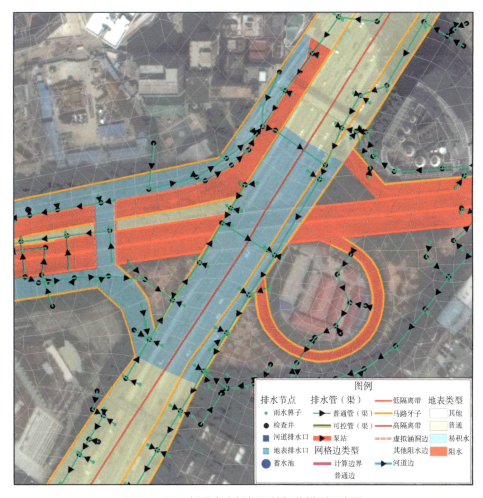

图7.4-34 新秀立交桥桥区精细化模型示意图

结合影像、街景资料，根据积水特性把地表网格分为易积水、阻水、普通三类，把阻水道路构筑物分为高隔离带、低隔离带、马路牙子、虚拟涵洞边等类型，对阻水高度分别赋值。再利用高程数据修订地面模型高程信息，进而构建了雅园立交桥至东门中路精细化地形模型，如图7.4-35所示。

5）深圳火车站及其周边

深圳火车站位于罗湖口岸北侧，火车站东侧下沉广场为火车站内易积水区域，下沉广场西北角布设有火车站2号泵站，专门负责本区域的涝水排出。另外，沿河南路进出深圳火车站地下空间隧洞内地势亦较低，易积水，在隧洞外侧东南角布设有火车站1号泵站，专门负责本区域的涝水排出。此外，还在沿河南路东侧边防内布设了东广场排涝泵站，用于抽排东广场区域内雨水至深圳河。

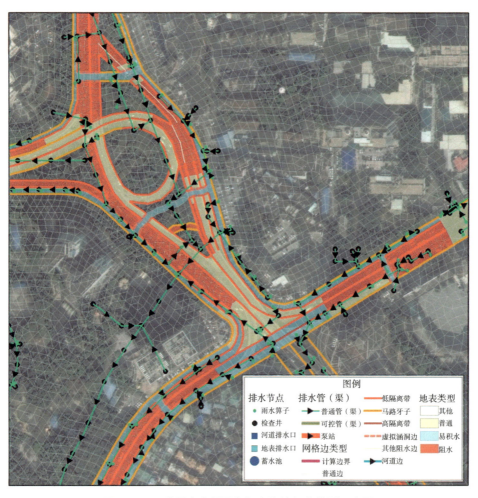

图7.4-35　雅园立交桥至东门中路精细化模型示意图

结合影像、街景资料，根据积水特性把地表网格分为易积水、阻水、普通三类，把阻水道路构筑物分为高隔离带、低隔离带、马路牙子、虚拟涵洞边等类型，对阻水高度分别赋值。再利用高程数据修订地面模型高程信息，进而构建了深圳火车站及其周边精细化地形模型，如图7.4-36所示。

6）凉果街周边低洼区域

凉果街周边低洼区域位于笋岗路和人民南路交会口的西南侧，洪湖大厦西侧，凉果街周边高程较笋岗路和人民南路低3~6m。结合影像、街景和现场勘察资料，利用高程数据修订地面模型高程信息，进而构建了凉果街周边低洼区域精细化地形模型，如图7.4-37所示。

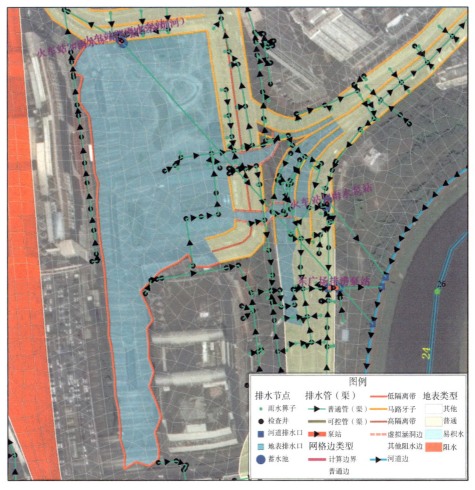

图7.4-36　深圳火车站及其周边精细化模型示意图

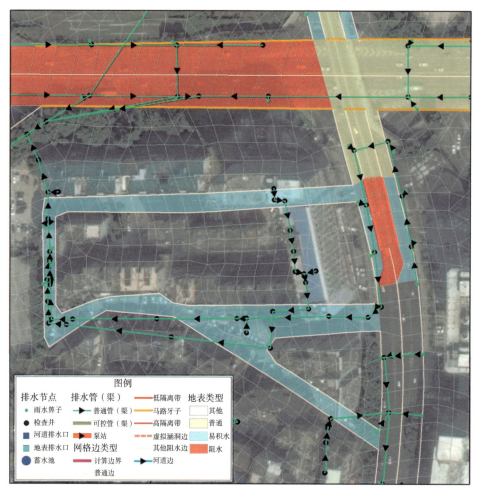

图7.4-37　凉果街周边低洼区域精细化模型示意图

7.4.3　水文边界条件计算

深圳市作为沿海城市，受到外洪、暴雨和潮汐的影响，需要考虑其雨、洪、潮汐遭遇的问题。因此从以洪水为主、潮汐相应和以潮汐为主、洪水相应两个方面研究洪潮遭遇问题。

7.4.3.1　年最大雨量与潮汐遭遇

考虑最不利的情况，即降雨造成的洪峰与最高潮位遭遇。首先计算赤湾站0~24时的最高潮位，然后进行水文分析计算，以洪峰出现的时间与最高潮位相对应，将降雨过程与潮位过程匹配。统计赤湾站1967~2010年0~24时每小时的最高潮位，计算每小时的平均最高潮位。赤湾站多年平均最高潮位为

2.12m，出现在23时，0~24时最高潮位过程如图7.4-38所示。

根据深圳地区河流的特性，深圳河洪水的主峰段一般为24h控制，故采用24h时段雨量与对应的潮位进行组合遭遇分析。根据赤湾站年最大24h暴雨量出现时间，统计相应赤湾站高潮水位。

经统计，赤湾站多年平均最大日雨量172.62mm；赤湾站相应的多年平均潮位1.42m；赤湾站最高潮位多年平均值2.16m。因此，若用多年平均最高潮位与设计洪水（降雨）相遭遇，已能基本上外包历年出现过的年最大洪水与潮汐的遭遇情况，是一种安全的设计洪潮组合方式。

7.4.3.2 最高潮位与24h雨量遭遇分析

假定洪水与暴雨相应，以赤湾站年最高潮位相应的赤湾雨量站24h降水量进行分析。

根据统计，赤湾站多年平均最大24h雨量均值为172.6mm，赤湾站多年平均最高潮位2.16m；历年最高潮位对应的最大24h雨量为54.0mm。赤湾站历年最高潮位相应赤湾雨量站最大24h降水量为123.1mm，小于该站年最大24h降水量多年平均值172.6mm。因此，若用多年平均年最大24h暴雨与设计潮水位遭遇，已能基本上外包历年出现过的年最高潮位与洪水的遭遇情况，是一种安全的设计潮洪组合方式。

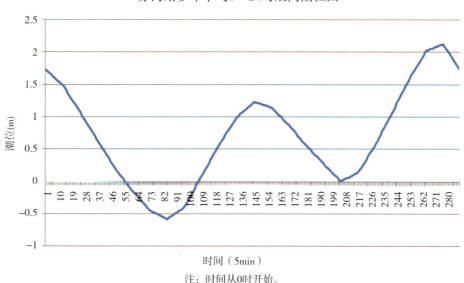

图7.4-38　赤湾站多年平均0~24时最高潮位图

7.4.3.3 水文边界计算

采用布吉河上游草铺水文站2011~2017年的水文资料对模型参数进行率定后，计算2年、3年、5年、10年、20年、30年、50年、100年重现期下2h历时降雨和24h历时降雨在深圳河干流布吉河口断面处的流量过程。图7.4-39为100年一遇24h降雨和流量过程组合图。

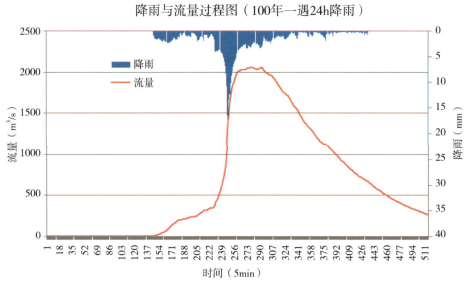

图7.4-39　100年一遇24h降雨和流量过程组合图

7.4.3.4 雨潮过程对应情况分析

将降雨造成洪水的峰出现时间与最高潮位出现的时间对应，进行不同重现期，2h历时和24h历时降雨和0~24时潮位过程匹配。图7.4-40、图7.4-41分别为100年一遇2h历时降雨和100年一遇24h历时降雨与潮位过程匹配图。

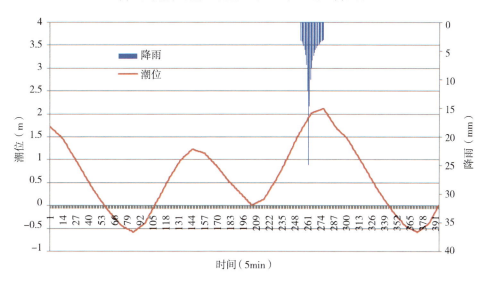

图7.4-40　100年一遇2h降雨与潮位过程组合图

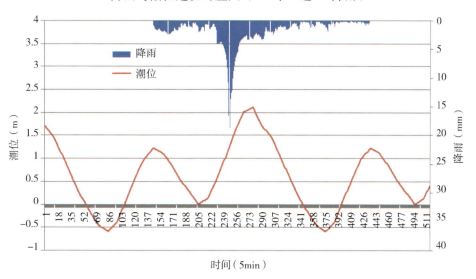

图7.4-41　100年一遇24h降雨与潮位过程组合图

7.4.4 实际案例——"8·29"暴雨模拟合理性分析

为了验证模型的合理性，以2018年"8·29"暴雨为例进行分析。2018年8月27日20时至9月1日20时，深圳市各区相继出现持续特大暴雨，全市平均累计降雨量365.2mm，全市有70%的地区累积降雨量超过250mm，16%的区域降雨量超过400mm，全市范围内陆续发布红色预警信号。

本次降水过程具有"持续时间长、累积雨量大、短时雨强、次生灾害风险高"的特点。其中29日、30日连续两天的特大暴雨主要集中在深圳河流域，全市最大24h累积降雨量达到417.2mm，暴雨重现期约为50年一遇，打破了深圳市有气象记录以来8月最大24h降雨量记录；全市最大雨强112.4mm/h，暴雨重现期约为50年一遇。

2018年8月29日起，连续强降雨引发了包括水库泄洪、河道超警戒水位、河道漫堤、排涝泵站抽排等水情。深圳河湾片区内的主要水情如下：

（1）水库泄洪

受连续强降雨影响，各水库水位明显上升，全市共21座宗中小型水库因超过或接近汛限水位而泄（溢）洪，包括中型水库1座（深圳水库）、小型水库20座。其中，深圳水库以80m³/s的流量泄洪，总下泄流量约334万m³。

（2）河道超警戒水位

河道超警戒水位水情主要出现在深圳河流域，包括深圳水库排洪河站、罗湖站、梧桐河站、鹿丹村站水位均超历史最高值。其中，鹿丹村站水位超抢险水位，皇岗站水位超警戒水位。罗湖站最大洪峰流量为390m³/s，超过历史最大值。

（3）河道漫堤

河道漫堤情况主要出现在龙岗区的小支流，包括龙岗区属深圳河流域的塘径水、水径水、李朗河，河道漫堤历时3~12h。

（4）排涝泵站抽排

在暴雨集中的流域内，排涝泵站启动抽排以缓解城市排水压力。平均降雨量较大的罗湖区启动了罗雨泵站、文锦渡泵站、建设路泵站等。其中，罗雨泵站启动6台机组满负荷运行，抽排能力为48m³/s，总抽排量约为115万m³。宝安区沙井泵站5台机组，抽排能力为170m³/s，暴雨期间共运行22h，满负荷运行4h，总抽排量约为885万m³。

1. 洪涝状况

全市14条小河流出现不同程度的漫堤洪水，城区出现约318宗洪涝积水报告，主要分布在龙岗、罗湖、宝安、坪山、大鹏等区域。其中，深圳河湾片区的洪涝情况如下：

龙岗区受到的洪涝灾害最为严重，受淹深度大、范围广、历时长。共出现88宗积水险情（其中有31宗致231人被困，229人已得到转移安置，2人失踪）。其中吉华街道三联—富民城片区、佳德城厂区、泰昌工业园区、南湾街道下李朗社区、布吉街道长隆社区等片区灾情较重，最大淹没水深约2m，最大淹没历时达6h。

罗湖区共接到47宗积水报告，其中桂园街道桂木园小区、笋岗街道笋岗海关周边等片区因积水险情转移300余人。文锦渡海关、东门商业圈等区域出现20~40cm积水，罗芳立交桥等高架桥下出现约80cm积水，2~3h后水退。

福田区共接到29宗积水报告，其中重点洪涝区域南园街道锦龙社区旧墟村积水深度约2m，共256人得到转移安置。

2. 模拟结果分析

（1）积水模拟结果合理性分析

将28~30日的49个雨量站点实测降雨数据导入深圳河湾模型中，模型计算的起始时刻为28日11时，于30日6时结束，降雨历时为43h。模拟得到深圳河湾的洪涝积水分布。根据龙岗区、福田区、南山区和罗湖区上报的洪涝积水信息和模拟淹没水深，洪涝积水主要分布在布吉河流域和沙湾河流域，其中龙岗区的洪涝积水深度最大。

选取深圳河湾内罗湖区、龙岗区、福田区和南山区的典型洪涝积水点（小区、立交、道路、口岸等）与模拟淹没水深进行分析比较。

1）龙岗区洪涝积水点（图7.4-42、图7.4-43）。

2）罗湖区洪涝积水点（图7.4-44、图7.4-45）。

3）福田区洪涝积水点（图7.4-46、图7.4-47）。

4）南山区洪涝积水点（图7.4-48、图7.4-49）。

从上述各区的洪涝积水点与模拟的最大淹没水深对比分析图表可以看出，实际上报积水深度与模拟淹没水深值基本一致，上报的洪涝积水点在模型模拟中均有体现，描述的范围和位置点基本吻合。综上所述，模型模拟成果较为合理。

对于模型模拟出现未上报的洪涝积水，主要有以下原因：

图7.4-42 长隆社区长青路

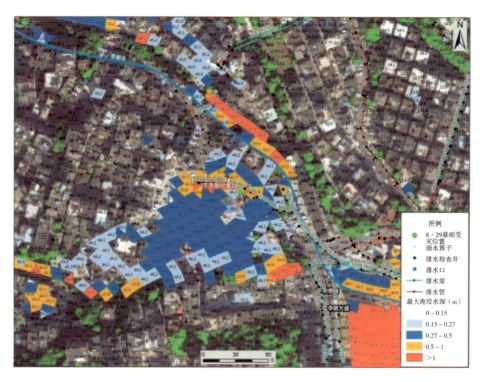

图7.4-43 下李朗村委段

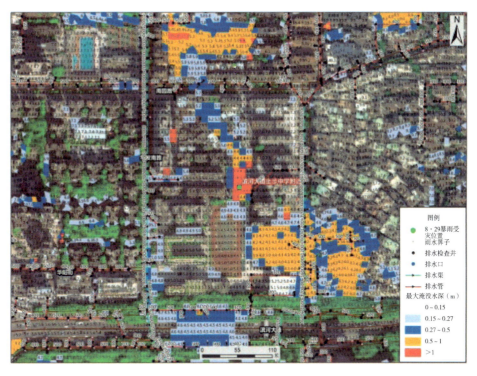

图7.4-44　滨河大道上步中学附近

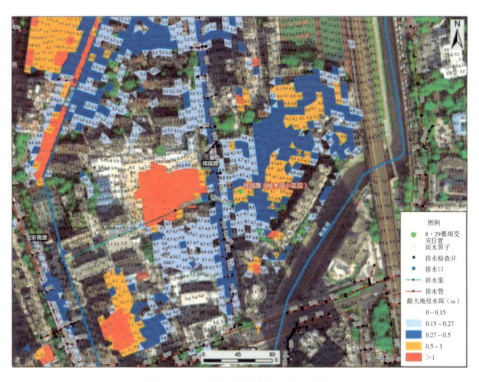

图7.4-45　桂园路（桂木园小区段）

7　华南山地典型城市洪涝模拟——以深圳河湾片区为例

图7.4-46 卫星证券

图7.4-47 滨河皇岗立交桥

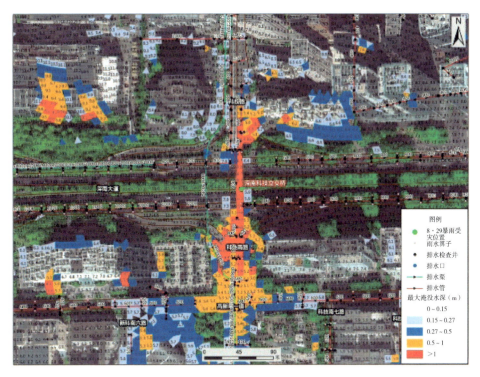

图7.4-48　深南科技立交桥

图7.4-49　香港城市大学产学研大楼

1）由于缺乏小区内管网数据，模型无法收集小区雨水导致小区内积水无法排出，模拟结果中出现洪涝积水情况；

2）上报的洪涝积水点数据存在描述不完整和漏报等情况；

3）模型受降雨、地形、管网和河道断面等数据精度的影响较大，且城市更新和河道整治对模型也有影响，因此还需要通过不断地修正数据和模型调试，进一步完善模型的时效性、准确性和可靠性。

（2）河道模拟合理性分析

选用2011~2018年的部分水文资料进行模型合理性验证。深圳河流域中水文资料条件较好的水文站为景田水文站，收集完整的雨量、水位、流量等雨洪摘录资料。以景田水文站为例进行说明。

景田水文站位于新洲河中游，上游有梅林水库。流域上游梅林水库在2008~2018年均未泄洪，因此景田水文站的集雨区间为梅林水库—景田站区间，集雨面积为6.1km^2，区间布设有梅林水库和景田雨量站。

收集景田水文站2011~2018年的22场洪水进行模型合理性验证。

流量：

采用系统对以上22场洪水进行模拟分析，结果如表7.4-3所示。

景田水文站洪水模拟成果表　　　　表7.4-3

洪水序号	时间	雨量（mm）	模拟洪峰（m^3/s）	实测洪峰（m^3/s）	洪峰误差（%）	峰现时间误差（h）
1	2011/4/17 14:00:00~ 2011/4/17 18:00:00	41.2	24.576	20.6	19.3	1
2	2011/6/29 8:00:00~ 2011/6/29 20:00:00	85.8	30.537	26.6	14.8	5
3	2011/7/15 20:00:00~ 2011/7/16 8:00:00	77.5	23.77	21.2	12.12	0
4	2011/7/16 20:00:00~ 2011/7/17 3:00:00	22.7	24.112	28.4	−15.1	1
5	2012/6/21 8:00:00~ 2012/6/21 17:00:00	73.5	48.082	46.6	3.18	2
6	2012/6/21 23:00:00~ 2012/6/22 6:00:00	43.7	23.666	25.7	−7.91	2
7	2013/6/5 12:00:00~ 2013/6/5 20:00:00	116.7	67.773	57.5	17.87	2
8	2013/8/2 17:00:00~ 2013/8/3 2:00:00	63.8	28.771	31	−7.19	0

续表

洪水序号	时间		雨量（mm）	模拟洪峰（m³/s）	实测洪峰（m³/s）	洪峰误差（%）	峰现时间误差（h）
9	2015/5/9 2015/5/9	14:00:00~ 23:00:00	42.2	24.249	17.7	37	2
10	2015/5/11 2015/5/11	14:00:00~ 23:00:00	42.2	20.226	22.5	−10.11	2
11	2015/5/20 2015/5/20	10:00:00~ 22:00:00	67.9	31.578	31.9	−1.01	2
12	2015/5/23 2015/5/23	13:00:00~ 21:00:00	64.9	55.473	47.3	17.28	2
13	2015/8/14 2015/8/14	2:00:00~ 14:00:00	69.5	35.486	33.1	7.21	4
14	2016/4/13 2016/4/13	5:00:00~ 11:00:00	49	34.785	35.9	−3.11	0
15	2016/10/18 2016/10/18	10:00:00~ 22:00:00	123.7	30.587	29.7	2.99	0
16	2016/10/19 2016/10/19	8:00:00~ 22:00:00	117.2	39.05	34.2	14.18	1
17	2017/6/13 2017/6/13	5:00:00~ 11:00:00	85.6	53.222	57.8	−7.92	2
18	2017/6/16 2017/6/16	0:00:00~ 12:00:00	50.1	38.626	37.3	3.55	0
19	2017/6/17 2017/6/17	13:00:00~ 20:00:00	61.8	14.174	12.9	9.88	0
20	2017/8/2 2017/8/2	8:00:00~ 15:00:00	54.5	43.741	47.7	−8.3	−1
21	2017/8/3 2017/8/3	4:00:00~ 12:00:00	50.8	37.39	40.8	−8.36	3
22	2018/8/29 2018/8/29	8:00:00~ 22:00:00	96.9	24.664	23.4	5.4	0

总体来看，对景田水文站洪水洪峰模拟精度较高，除第9场洪水，其余洪水洪峰模拟误差均在20%以内，按照《水文情报预报规范》GB/T 22482—2008规定，洪峰误差在20%以内为合格，合格率为21/22=95.5%；峰现时间误差在−1~5个时段。对其中的7场洪水进行水位模拟计算，结果如表7.4-4、图7.4-50所示。

景田水文站洪水水位模拟统计表　　　　　　　　　　表7.4-4

洪水场次	洪号	实测最高水位（m）	模拟最高水位（m）	误差（m）
1	2011041715	8.11	7.87	−0.24
7	2013060514	9.30	9.30	0.00
14	2016041307	8.61	8.56	−0.05
15	2016101816	8.42	8.43	0.01
18	2017061605	8.55	8.59	0.04
20	2017080212	8.85	8.72	−0.13
22	2018082914	7.81	8.01	0.20

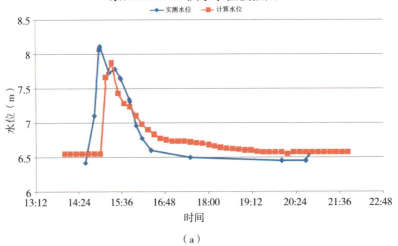

(a)

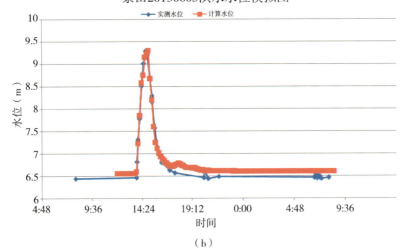

(b)

图7.4-50　景田站洪水水位模拟图

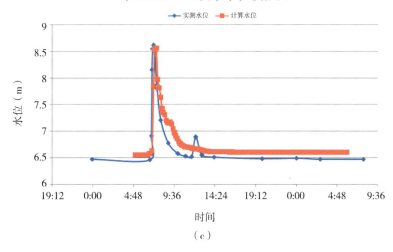

(c)

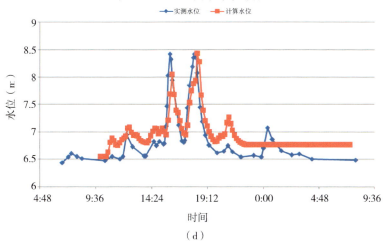

(d)

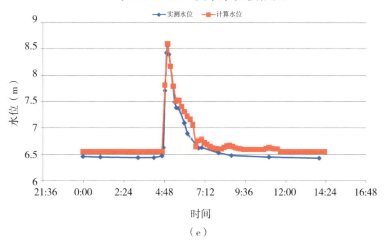

(e)

图7.4-50 景田站洪水水位模拟图（续）

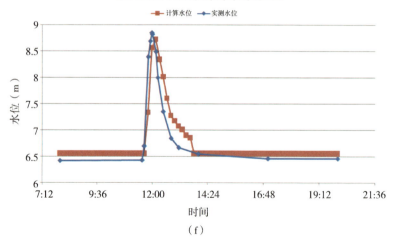

(f)

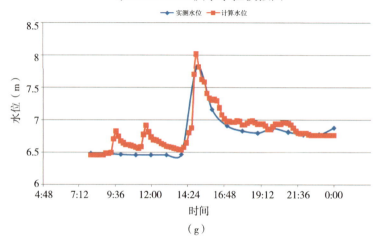

(g)

图7.4-50　景田水文站洪水水位模拟图（续）

从表7.4-4、图7.4-50可以看出，模型对于其中6场洪水的水位模拟情况较好，尤其是最高水位误差较小，最大误差为-0.24m，最小误差为0m。

7.4.5 洪涝风险图

利用洪涝模拟模型，对2年、3年、5年、10年、20年、30年、50年、100年一遇降雨条件下地表最大积水深度进行分析统计。经计算，水深大于0.15m，历时超过30min的淹没区域面积分别为17.74km²、22.51km²、28.31km²、35.62km²、37.79km²、41.06km²、45.62km²、49.44km²，分别占河湾流域面积的

6.05%、7.67%、9.66%、12.16%、12.89%、14.01%、15.56%、16.88%；主要道路淹没长度分别为39.45km、55.48km、73.2km、92.85km、98.02km、105.3km、114.62km、123.55km，分别占河湾流域主要道路长度的6.63%、9.32%、12.30%、15.60%、16.46%、17.69%、19.25%、20.75%。

不同重现期降雨条件下地表淹没情况统计如表7.4-5所示。

不同重现期降雨条件下地表淹没情况统计　　　　表7.4-5

序号	不同频率	0.15~0.27m		0.27~0.5m		0.5~1m		>1m		总计	
		淹没面积(km²)	占比(%)	淹没面积(km²)	占比(%)	淹没面积(km²)	占比(%)	淹没面积(km²)	占比(%)	淹没面积(km²)	占比(%)
1	2年一遇	8.65	2.95	5.27	1.80	2.59	0.88	1.23	0.42	17.74	6.05
2	3年一遇	10.35	3.53	6.83	2.33	3.62	1.23	1.71	0.58	22.51	7.67
3	5年一遇	12.07	4.12	8.79	3.00	4.99	1.70	2.46	0.84	28.31	9.66
4	10年一遇	13.94	4.76	11.17	3.81	6.88	2.35	3.63	1.24	35.62	12.16
5	20年一遇	14.43	4.92	11.80	4.03	7.48	2.55	4.08	1.39	37.79	12.89
6	30年一遇	15.12	5.16	12.85	4.38	8.44	2.88	4.65	1.59	41.06	14.01
7	50年一遇	15.96	5.45	14.28	4.87	9.77	3.33	5.61	1.91	45.62	15.56
8	100年一遇	16.23	5.54	15.06	5.14	11.22	3.83	6.93	2.37	49.44	16.88

注：表中数据为近似值。

根据河道行洪能力分析结果，100年以下降雨情景下深圳河湾流域的主要河道几乎没有漫溢，造成地表积水的原因基本上是暴雨洪涝。从几个频率降雨计算结果分析，淹没位置主要集中在立交桥、路口交会处，如图7.4-51~图7.4-54所示。

由于数据的原因，管网模型主要考虑了城区主干道路上的管网，居民小区的管网模型通过概化的方式构建。居于安全的考虑，参考了市政的排水能力，为多数小区赋予2年一遇的排水能力。由于雨水在地表的汇流过程较管网的汇水过程明显偏慢，这样处理会造成地表积水淹没的结果偏安全。

笔架山水厂

市民中心

图7.4-51 2年一遇设计降雨重点防护对象及周边淹没水深图

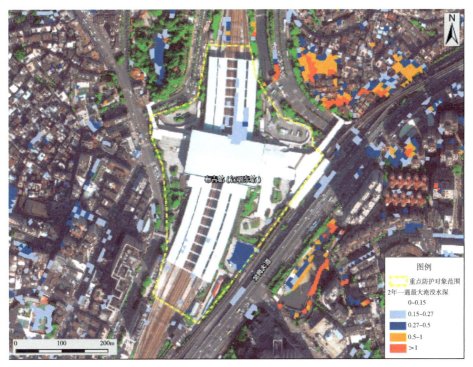

布吉站（深圳东站）

梅林水厂

图7.4-51 2年一遇设计降雨重点防护对象及周边淹没水深图（续）

笔架山水厂

市民中心

图7.4-52 5年一遇设计降雨重点防护对象及周边淹没水深图

下坪垃圾焚烧发电厂

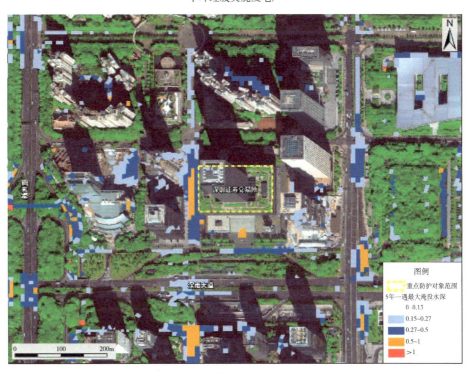

深圳证券交易所

图7.4-52 5年一遇设计降雨重点防护对象及周边淹没水深图（续）

笔架山水厂

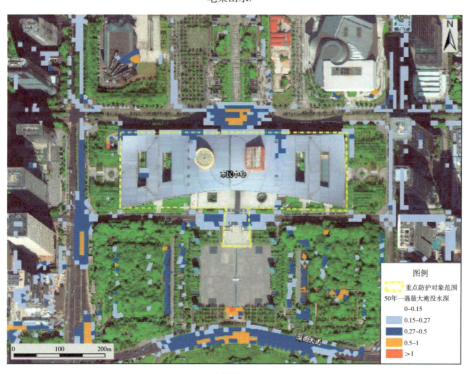

市民中心

图7.4-53　50年一遇设计降雨重点防护对象及周边淹没水深图

梅林LNG安全应急气化站

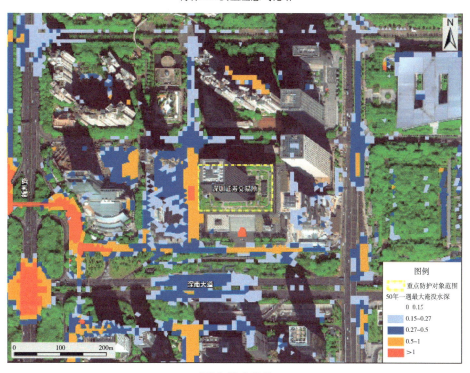

深圳证券交易所

图7.4-53 50年一遇设计降雨重点防护对象及周边淹没水深图(续)

笔架山水厂

市民中心

图7.4-54 100年一遇设计降雨重点防护对象及周边淹没水深图

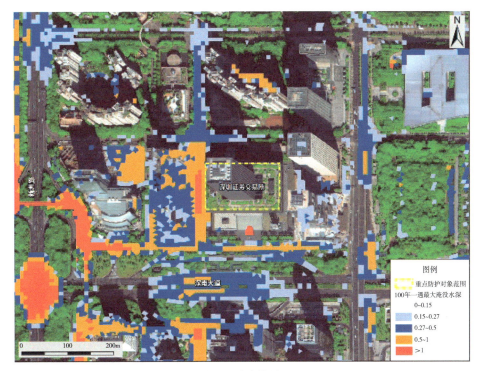

深圳证券交易所

下坪垃圾焚烧发电厂

图7.4-54　100年一遇设计降雨重点防护对象及周边淹没水深图（续）

8 城市洪涝预警数值仿真平台

本章以深圳市为例,介绍城市洪涝预警数值仿真平台。在参考国内外成功案例的基础上,结合深圳河湾流域实际情况,采取了以精细化城市洪涝模型和大数据为支撑、以风险关注对象为核心的开发思路。以数据模型为框架,建立多层级多维度的对象时空关联体系,实现逻辑集成、物理独立的数据框架;功能布局基于高分大屏,以"驾驶舱"操作方式为主、传统显示方式为辅的单页面多功能联动模式;数据展现方面,基于深圳智慧城市大数据平台的高清影像和建筑物三维仿真模型,整合多源在线地图,实现城市洪涝的直观呈现,并配以动静结合的图表来展现洪涝灾害的影响及风险。

8.1 平台框架

8.1.1 总体框架

城市洪涝预警数值仿真平台主要包括采集层、传输层、数据层、模型层、接口层、功能层和表现层。各层的主要功能如下:

采集层。主要解决数据来源问题,采用"逻辑集成、物理独立"的数据集成思路,整合现有数据库,集成动态数据接口,包括:深圳智慧城市大数据平台、多个气象网站发布数据、深圳市气象台短时网格预报数据、海洋局潮位数据接口等。

传输层。系统部署于政务外网环境,数据接口分别为政务外网、互联网、无线传输网络。

数据层。实现各类数据的抽取、存储、管理及数据服务接口聚合。数据内容逻辑上划分为数据库和方案库。数据库包括水库闸坝工程数据、河道数据、历史降雨数据、灾情数据等;方案库包括模型方案、模型计算结果、风险分析结果等。

模型层。城市洪涝模型耦合了产汇流模型、水库调度模型、河道一维模型、二维地表模型、地下管网模型,采用滚动计算、按需调用的方式实现模型驱动。

接口层。功能与模型、数据的衔接层,包括:洪涝模型接口、降雨大数据接口、空间服务接口、数据调用接口。

功能层。通过调用功能接口、数据接口，整合为监视预警、检索定位等功能模块。

表现层。系统的主要显示设备为高清大屏，界面适配大屏分辨率。模型计算部分的界面按传统菜单模型进行设计，综合运行采用二维、三维、表格、动画、统计图等多种展示手段。

系统总体的详细框架如图8.1-1所示。

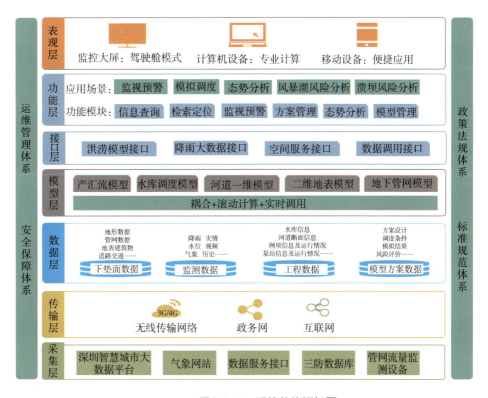

图8.1-1 系统总体框架图

8.1.2 技术框架

基于多维数据模型、数据关联推理、异步数据交换、分布式计算、终端智能适配等技术，采用MVC（模型—视图—控制器）应用程序的模式搭建系统。城市洪涝系统采用分层设计和面向切面编程，分为用户层、表现层、业务应用层、应用支撑层、数据层五个层次。技术框架如图8.1-2所示。

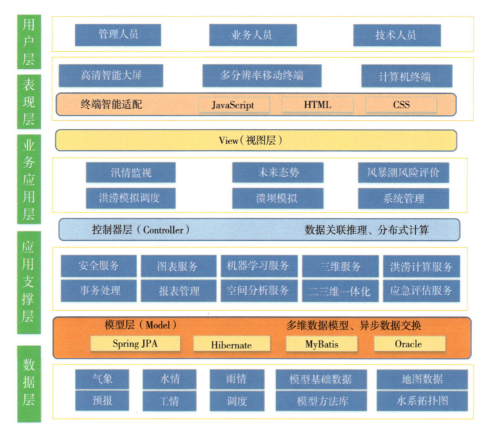

图8.1-2 技术框架图

数据层。存放系统用到的各类数据,包括地图数据、测站数据、水库河道数据等基础数据;水情、工情、雨情、气象、潮位等实时数据(也包含历史及预测);以及水文模型需要用到的模型基础数据、模型方法库等。

应用支撑层。应用支撑层通过MyBatis、Spring JPA等方式访问数据层,并将数据层的数据包装成各种服务,包括安全服务、图表服务、机器学习服务、三维服务、洪涝计算服务等。这些服务根据业务需求进行构建。

业务应用层。业务应用层将应用支撑层的各种服务以接口的形式进行封装,通过Controller(控制器层)进行跳转,并将这些接口依据用户需求划分到不同的模块,包括汛情监视模块、风暴潮风险评价模块、洪涝模拟调度模块等。

表现层。表现层即系统展示端,通过HTML+JavaScrip+CSS等技术向后端发起请求,访问业务应用层的接口,并将接口返回的信息进行解析展示,展示终端可以是高清智能大屏、多分辨率移动终端、计算机终端等。

用户层。用户层包含各类用户,分为管理人员、业务人员、技术人员等。

8.1.3 功能框架

以深圳河湾片区预警调度系统为例,介绍系统的主要功能。功能结构如图8.1-3所示。

系统功能和前端展现采用以高分辨率大屏驾驶舱设计模式为主的多终端展示。采用面向场景式功能组织模式,提供五大应用场景:汛情监视、未来态势、风暴潮风险分析、模拟调度、溃坝模拟分析。每个场景对应一个高分辨率页面,页面各组成部分动态联动。每个应用场景(高清界面)由多个功能模块支撑。部分功能模块支撑单个场景,如洪涝风险态势只支撑未来态势场景,洪涝模拟成果管理只支撑模拟调度场景。部分功能模块为公用模块,支撑两个及以上场景,如水雨情实时监测模块支撑汛情监视、未来态势、风暴潮场景。每个功能模块包括若干功能点。如水雨情实时监测包括降雨监测、潮位监测、积水监测、水库监测、河道监测等。每个功能点内容独立,只对应于单个功能模块。

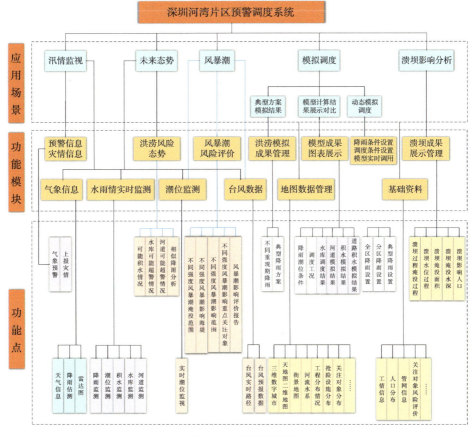

图8.1-3 功能框架图

8.1.4 应用框架

围绕洪涝预警调度不同情景（日常应用、暴雨、风暴潮）和关注对象（水库、河道、积水），分别设计不同的应用流程，如图8.1-4所示。

日常应用情景下，应用范围为深圳全市，以汛情监视功能为主。通过多维度信息的综合展示，呈现全市汛情态势。整合气象、潮位、降雨、预警、积水、水库、河道、灾情等相关的监测和工程信息，为汛情监视提供数据支撑。数据来源包括深圳市三防数据库，气象局、海洋局数据服务接口。

暴雨造成城市洪涝风险情景下，应用范围为河湾流域。首先，通过调用河湾流域城市洪涝模型，实现多种设计降雨和边界条件下的水库、河道及洪涝风险图的综合展示；其次，实现不同实况或预报降雨条件下的调度方案对比。鉴于应急决策的时效需求，水库、河道风险分析采用模型实时计算，洪涝积水分析采用"以案例库为主、高风险区域实时计算为辅"的复合计算方式。

当收到台风预警时，需对沿海地区进行风暴潮风险分析。基于不同来源台风预报结果，统计展示淹没范围、漫堤风险、影响社区、影响重点对象、影响人口等，并可自动生成风险评估报告，为风险应对提供决策支撑。

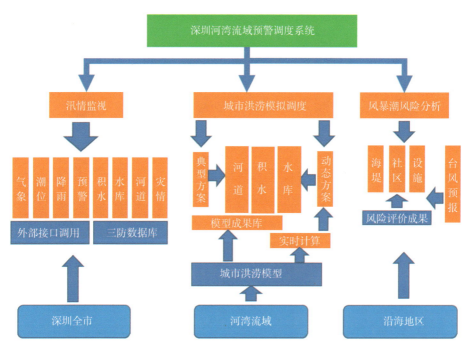

图8.1-4 主要应用流程

8.2 平台主要功能

城市洪涝预警数值仿真平台主要包括洪涝监视预警、洪涝模拟调度、洪涝未来态势分析、风险应急分析、淹没过程仿真等功能。以下对各功能进行详细介绍。

8.2.1 洪涝监视预警

在深圳市三防决策支持系统数据库基础上，以整合现有数据为主，调整三防数据展示内容和方式，实现对全市水、雨、潮、灾情等实时监测信息的汇总和展示。

主要包括：

（1）集成各类气象台发布的信息，包括"中国天气台风网""广东台预报""深圳台预报""香港台预报""浙江台风""温州台风网""深圳台风网"等。

（2）集成展示深圳市降雨格网预报数据。

（3）调用海洋局提供的潮位数据接口。展示查询大鹏湾、蛇口、深圳机场三个潮位站监测数据。

（4）实时监测数据展示（图8.2-1），包括全市气象站点历史和实时监测数据，以表格、等值面等方式进行展示。展示全市水库水位数据、全市河道水位数据，对超汛限水库进行提示；展示全市积水点积水监测数据。

（5）集成展示气象台预警信息、灾情上报信息等相关信息。

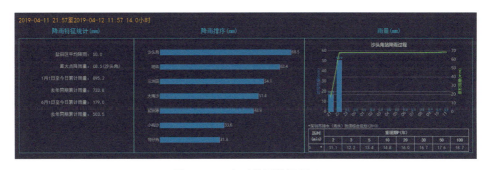

图8.2-1　实时监测数据展示

8.2.2 洪涝模拟调度

洪涝模拟调度场景主要是调用河湾区洪涝模型，实现多种设计降雨和边界条件下水库、河道及洪涝风险图的综合展示、不同方案对比；可动态改变降雨条件，快速呈现淹没及影响情况。

（1）设计方案洪涝风险展示（图8.2-2、图8.2-3）。目前已集成重现期为1年、2年、3年、5年、10年、20年、30年、50年、100年的3h降雨和3h降雨20mm、40mm、60mm、…、300mm共24个典型降雨方案的洪涝分析结果。

（2）洪涝风险动态计算。通过设置降雨条件、调度工况，随后启动城市洪涝模型，计算洪水及积水情况，进行风险评价。

图8.2-2　2年一遇降雨积水情况

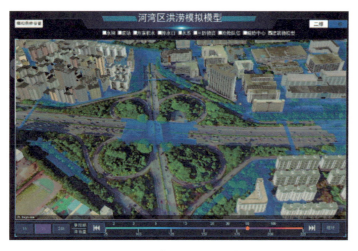

图8.2-3　50年一遇降雨积水情况

8.2.3 洪涝未来态势分析

洪涝未来态势分析主要包括降雨态势分析和洪涝态势分析。

降雨态势分析采用机器学习技术，基于气象站点实测降雨和气象预报格网数据，从降雨案例库中提取相似的历史场次降雨数据，根据降雨相似度进行排序，对未来降雨态势进行预估。

洪涝态势分析是在降雨态势分析的基础上，当降雨量或预报降雨达到触发条件时，调用城市洪涝模型，按照预设时间间隔进行滚动计算。

8.2.4 风险应急分析

平台系统采用综合运用城市洪涝模型、机器学习算法、案例式决策等技术的城市洪涝快速分析方法，以满足洪涝应急决策需求，快速分析流程包括启动条件→降雨条件设置→应急分析计算→风险分析报告四部分，见图8.2-4。

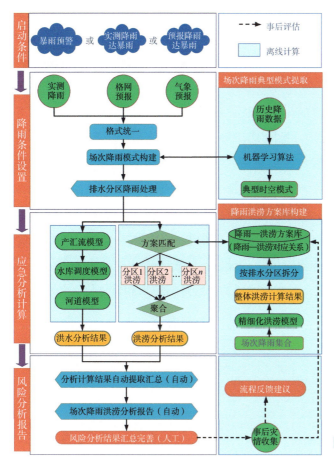

图8.2-4 洪涝快速分析流程

1. 启动条件

当气象台发布暴雨预警时（或实测降雨达到暴雨级别且降雨仍在持续、定量预报未来会达暴雨级别等），启用快速分析流程进行分析。启动方式可采用人工操作或利用软件系统自动触发并进行滚动计算。

2. 降雨条件设置

利用机器学习算法进行降雨展布，如果只有降雨预报数据（累积降雨量），则利用典型时空模式进行展布，转换为各站点逐时刻的降雨量；如果有实时监测数据和格网预报数据，则首先进行格式统一处理，并与降雨预报展布数据进行拼接，形成完整的场次降雨过程。在此基础上，采用泰森多边形和面积权重法，将降雨数据分配到排水分区，作为模型输入和降雨相似性匹配的基础。

3. 应急分析计算

采用实时计算和相似性匹配相结合的方法。一方面，接入实时水情数据，调用产流汇模型、水库调度模型、河道模型进行实时计算，得到水库出入库流量过程和水位过程、河道水位过程；另一方面，利用各排水分区降雨数据，从降雨—洪涝方案库中匹配最相似的降雨方案，提取其洪涝结果，并将各排水分区的匹配结果进行合并，作为洪涝分析结果。

4. 风险分析报告

首先设计符合使用规范的风险分析模板，将降雨条件、水库风险、河道风险、洪涝风险、调度建议、抢险建议等进行条块化组织，确定需替换的内容单元，如"可能有M座水库超汛限，N处断面发生漫堤"，M、N即为需要自动替换的部分，可替换单元包括文章、图、表等多种形式，如降雨分布图、洪涝积水点汇总表等。利用软件程序分别从降雨数据、模型实时计算数据、洪涝提取数据中汇总统计相关内容，更新模板中需替换单元。根据风险情况，匹配相关调度建议和抢险措施。最后，报告生成后，导出为可编辑格式，需要专业人员进行订正，形成最终版的风险评估结果和具体化、针对性的建议。

8.2.5 淹没过程仿真

系统开发了洪水淹没过程的仿真模拟。图8.2-5展示的是梅林水库的溃坝淹没过程仿真模拟。系统通过水库溃坝数值模拟模型，计算了全溃情况下的洪水演进过程。结合综合社会经济和人口分布情况，对洪水淹没影响范围、社会经济、人口等情况进行统计。

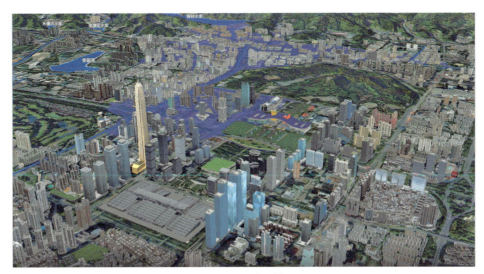

溃坝10min后淹没情况

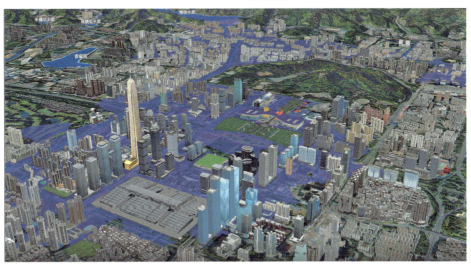

溃坝20min后淹没情况

图8.2-5　溃坝淹没过程仿真模拟

8.3 关键技术

8.3.1 基于服务耦合的多维数据组织技术

考虑到数据的快速更新以及"一数一源"原则,本系统并未采用传统方式建设外部数据的实体数据库。而是通过服务聚合方式,动态接入气象、降雨、台风、潮位、管网监测等数据,并针对不同的对象,建立与该对象相关的各类信息的逻辑关系。以积水点为例,从时间(历史积水、实时监测、预测积水)、管理(政区→流域)、汇流关系(河道、排水管网、排水分区)、风险(1h、3h、6h不同时段风险评估)等不同维度来建立实体关系,通过接口聚合实现信息的动态接入与读取。这种数据组织方式保证了数据的权威性和实时性。

8.3.2 基于洪涝风险案例库的应急决策智能分析

预警调度工作对模拟时间有刚性需求,要求系统能快速给出计算结果,但对地表积水的精度相对要求不是太高。精细化城市洪涝模型(主要是地表积水模拟部分)由于基于物理机制的水流模拟算法,虽然计算时间模拟精度高,但计算量大,往往不能满足预警调度的时间要求。

针对上述问题,本系统采用案例库方式,实现二者的结合。根据深圳市降雨特点,设计了不同时段典型降雨(1h、3h、6h、24h),如1h从10mm、20mm到200mm(超100年一遇),通过设置不同边界条件和工况进行洪涝模拟,将输入条件和模拟结果存储到案例库。暴雨事件发生时,以排水分区为单元,通过降雨和工况相似性,从案例库中匹配模拟结果,以达到快速支撑决策的目标。通过实际应用检验,该方法在效率和时间上能够满足预警调度决策要求。

8.3.3 城市洪涝多尺度嵌套模型系统集成技术

城市洪涝模型是整个系统的核心。系统后台集成了深圳河湾流域洪涝模型,包括产汇流模型、水库调度模型、河道一维模型、二维地表模型、地下管网模型，各个模型之间实现紧密耦合（河道一维模型与水库调度模型的耦合，河道一维模型与二维地表模型的耦合，河道一维模型与地下管网模型的耦合，产汇流模型与地下管网模型的耦合）。

计算时，系统首先获取模型输入条件，然后调用相应模型，并解析模型计算结果，最后调用关联模型或直接加载到三维场景中进行展示。为了均衡精度与效率，系统采用滚动计算、案例库、分布式计算等多种手段，最终满足实际应用需求。

8.3.4 城市洪涝模型模拟结果概化技术

系统通过城市洪涝模型模拟结果概化技术，对城市洪涝模拟结果进行概化。该技术的核心方法是，通过综合地形、地表信息、管网信息划分地表网格，建立城市洪涝模拟模型，利用数学模型计算不同降雨条件下的积水范围。利用水深和面积阈值筛选出不同降雨造成的积水范围图，然后通过对比不同降雨的积水范围图，提取出独立的积水面，最后通过提取积水面内地形最低点作为洪涝风险点。方法流程见图8.3-1。

步骤1：建立城市洪涝模拟模型。利用地表数据，将城市区域进行网格剖分，然后利用网格提取土地利用、高程等数据，建立网格的拓扑关系和地表特征信息。在此基础上，耦合河道、管网等数据建立城市洪涝模拟模型。

步骤2：利用城市洪涝模拟模型，模拟各种降雨强度的淹没情况。根据当地降雨特点，设计不同强度降雨，最大取到200年一遇以上。如南方地区，最大取到200mm/1h即可。分别按照10mm/1h、20mm/1h、30mm/1h、…、200mm/1h的降雨作为输入条件，利用城市洪涝模拟模型计算各网格的水位过程，取最大淹没水深作为该步输出成果。每个方案得到一个输出成果，并关联到多边形网格中。降雨方案见表8.3-1。

降雨方案表　　　　　　　　　　　表8.3-1

时段	取值（mm）
1h	10、20、30、…、150
2h	20、40、60、…、300
…	…
24h	30、60、90、…、750

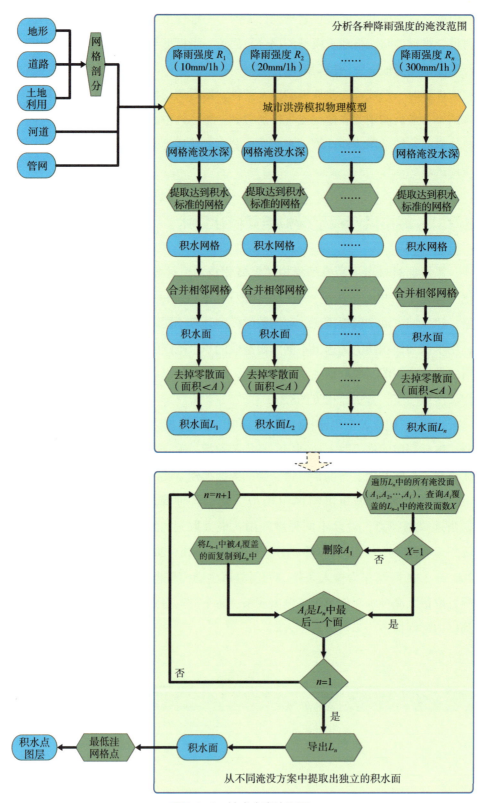

图8.3-1 技术方案流程图

步骤3：提取最大水深达到洪涝标准的网格。根据现行国家标准《室外排水设计标准》GB 50014提取，判断城市积水的标准为水深大于0.15m。从各方案的最大淹没水深图层中提取水深大于0.15m的网格。

步骤4：将各降雨方案的淹没网格合并成独立的淹没面。利用GIS（地理信息系统）工具，对各方案的网格图层进行处理：首先，合并相邻网格成为一个独立的面，然后将小于面积阈值的面删除（去掉零散的淹没网格）。按照一般经验，阈值可取1000~2000m^2。分别得到积水图层L_1、积水图层L_1、…、积水图层L_n。

步骤5：融合各降雨方案的积水面，得到最终的淹没面。从最大降雨强度积水图层（积水图层L_n）开始，遍历其中的每个积水面。假设当前的积水面为A_1，利用GIS工具，查询A_1边界所包含（在空间上完全覆盖）的低一级降雨强度的积水图层（L_{n-1}）中的积水面个数n。如果$n=0$或$n=1$，则直接跳过，不执行操作；如果$n \geq 2$，则将A_1从L_n中删除，将L_{n-1}中查询到的积水面添加到L_n中。如此循环操作，直到L_n的最后一个积水面。然后重新遍历新的L_n图层中的每一个积水面，查询图层则变为L_{n-2}，直到最后一个图层。该步得到的结果为图层L_n。该步的主要目的是防止降雨越大、积水连片、积水面个数越少的问题。

步骤6：通过淹没面提取洪涝风险点。利用GIS工具叠加L_n与最初剖分的地表网格，选择其中高程最低的网格，取网格中心点作为洪涝风险点的位置。

该技术的主要优点是，基于可能造成城市洪涝的各类信息，通过数学模型模拟方法和数据融合方法分析得到洪涝风险点，可在洪涝风险发生之前提前识别洪涝风险点，为洪涝预防和应急工作提供数据支撑。

具体到系统中的应用，以深圳市某小区为例进行说明。

步骤1：利用各类数据进行地表网格剖分。图8.3-2为实施区域高清遥感图，可清晰显示道路、建筑等信息。利用地表情况进行网格剖分后的效果见图8.3-3、图8.3-4。

步骤2：建立城市洪涝数学模型，进行不同降雨强度淹没情况模拟计算。将每个网格的最大水深关联到网格中，如图8.3-5所示。

步骤3：筛选出最大水深大于0.15m的网格。以50mm/1h、100mm/1h、150mm/1h三种降雨强度为例，效果见图8.3-6~图8.3-8。

步骤4：将各降雨方案的淹没网格合并成独立的淹没面，并去掉零散的淹没网格。本方案采取面积1500m^2作为阈值，去掉小于该值的淹没面。以150mm/1h的处理结果为例，见图8.3-9。

图8.3-2 实施区域高清遥感图

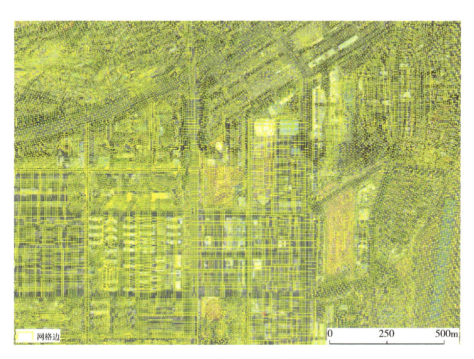

图8.3-3 实施区域网格剖分效果

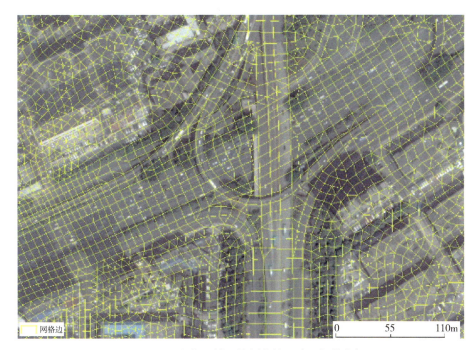

图8.3-4 实施区域网格剖分效果(局部放大)

图8.3-5 城市洪涝模拟模型结果

8 城市洪涝预警数值仿真平台

图8.3-5 城市洪涝模拟模型结果（续）

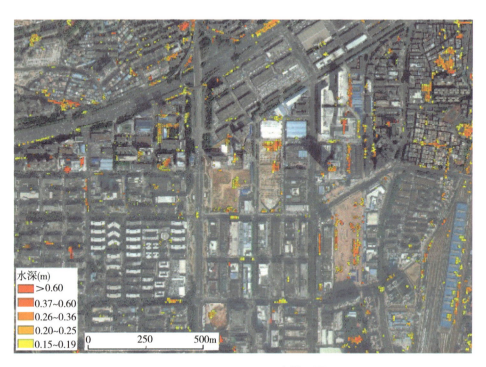

图8.3-6 50mm/1h积水效果图

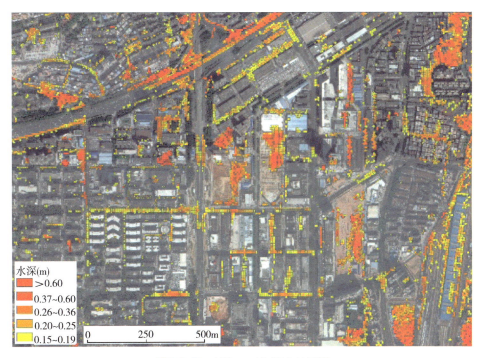

图8.3-7　100mm/1h积水效果图

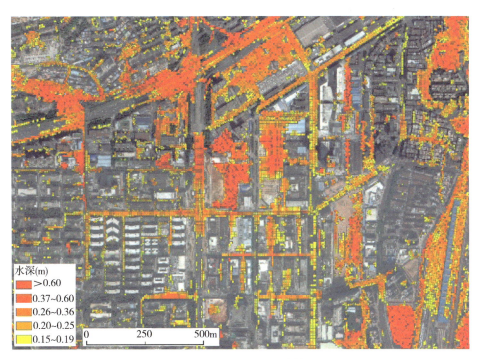

图8.3-8　150mm/1h积水效果图

步骤5：需要处理各个方案的多个积水面图层，形成单个图层。处理之前的效果见图8.3-10。处理之后的效果见图8.3-11。

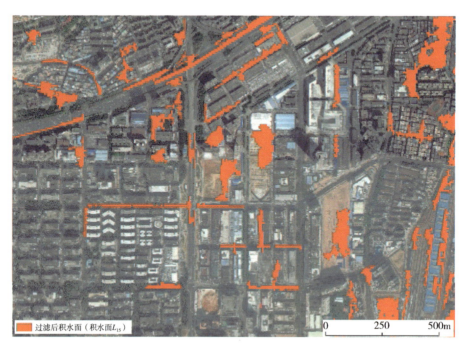

图8.3-9　150mm/1h积水面合并筛选后效果

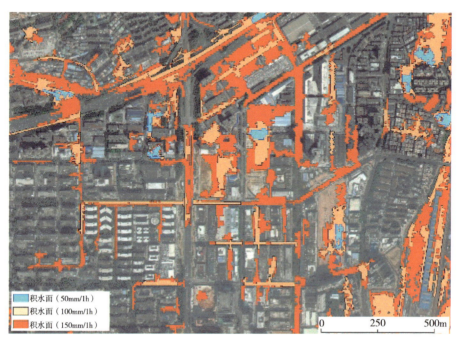

图8.3-10　不同降雨强度积水效果对比

步骤6：提取每个积水面包含的最低网格（低洼点），作为洪涝风险点。效果见图8.3-12。

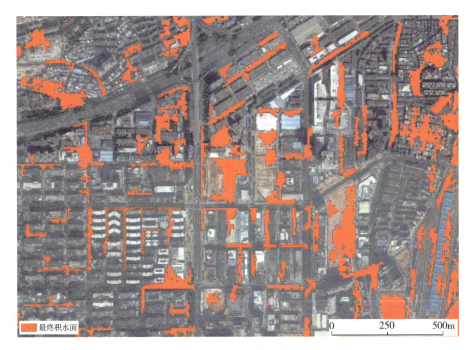

图8.3-11 最终积水面

图8.3-12 最终得到的洪涝风险点

参考文献

[1] 中国气象局. 中国气候变化蓝皮书（2022）[M]. 北京：科学出版社，2022.

[2] 乔建华. 防御海河"23·7"流域性特大洪水经验启示[J]. 中国水利，2023（18）：9-12.

[3] 刘媛媛，郑敬伟，刘洪伟，等. 极端大暴雨对城市防洪的警示和思考[J]. 中国防汛抗旱，2021，31（9）：21-24.

[4] 陈训来，徐婷，王蕊，等. 珠江三角洲"9·7"极端暴雨精细观测特征及成因[J]. 应用气象学报，2024，35（1）：1-16.

[5] 程晓陶. 向减轻灾害风险转变——"十四五"提升防汛应急能力的重大课题[J]. 中国减灾，2021（1）：29.

[6] 郭良，丁留谦，孙东亚，等. 中国山洪灾害防御关键技术[J]. 水利学报，2018，49（9）：1123-1136.

[7] 程晓陶. 新中国防洪体系建设70年[J]. 中国减灾，2019（19）：24-27.

[8] 王浩，梅超，刘家宏，海绵城市系统构建模式[J]. 水利学报，2017，48（9）：1099-1022.

[9] 徐宗学，陈浩，任梅芳，等. 中国城市洪涝致灾机理与风险评估研究进展[J]. 水科学进展，2020，31（5）：713-724.

[10] IPCC. AR6. GW1. Climate change 2021: The physical science basis [R]. Cambridge: Cambirdge University Press，2021.

[11] 黄光宇. 山地城市空间结构的生态学思考[J]. 城市规划，2005（1）：57-63.

[12] 黄光宇. 山地城市学原理[M]. 北京：中国建筑工业出版社，2006.

[13] 张金良，罗秋实，王冰洁，等. 城市极端暴雨洪涝灾害成因及对策研究进展[J]. 水资源保护，2024，40（1）：6-15.

[14] 赵越，张白石. 我国沿海城市极端天气洪涝灾害的防灾对策调查与思考[J]. 建筑化，2017（11）：175-177.

[15] 胡方西，谷国传. 中国沿岸海域月平均潮差变化规律[J]. 海洋与湖沼，1989（5）：401-411.

[16] 李群芳，雷永登，周洪建，等. 中国东南沿海台风灾害链区域规律与适应对策研究[J]. 北京师范大学学报（社会科学版），2012（2）：130-138.

[17] 国家海洋信息中心. 中国气候变化海洋蓝皮书（2022）[M]. 北京：科学出版

社，2023.

[18] 牛逸龙. 近140年西北太平洋热带气旋强度及降水评估[D]. 上海：华东师范大学，2023.

[19] 马铮，王国复，张颖娴. 1961—2019年中国区域连续性暴雨过程的危险性区划[J]. 气候变化研究进展，2022，18（2）：142-153.

[20] 秦大河. 中国极端天气气候事件和灾害风险管理与适应国家评估报告[M]. 北京：科学出版社，2015.

[21] 刘雨佳，张强，余予. 华南地区1961—2014年暴雨及典型暴雨事件统计分析[J]. 暴雨灾害，2017，36（1）：26-32.

[22] 李娴茹，韦志刚，刘雨佳，等. 1961—2018年华南全年和四季暴雨的时空特征分析[J]. 气候与环境研究，2022，27（1）：1-18.

[23] 王婷，胡琳，谌志刚. 2020年"5·22"暴雨致广州地铁被淹的原因及解决对策[J]. 广东气象，2020，42（4）：52-55.

[24] 徐嫩羽. 为何近期强对流天气多发？[N]. 中国气象报，2024-04-03（3）.

[25] 高守亭，周玉淑，冉令坤. 我国暴雨形成机理及预报方法研究进展[J]. 大气科学，2018，42（4）：833-846.

[26] 田付友，郑永光，张涛，等. 我国中东部不同级别短时强降水天气的环境物理量分布特征[J]. 暴雨灾害，2017，36（6）：518-526.

[27] 王东海，钟水新，刘英，等. 东北暴雨的研究[J]. 地球科学进展，2007，22（6）：549-560.

[28] 何光碧. 西南低涡研究综述[J]. 气象，2012，38（2）：155-163.

[29] 赵思雄，傅慎明. 2004年9月川渝大暴雨期间西南低涡结构及其环境场的分析[J]. 大气科学，2007，31（6）：1059-1075.

[30] 谌芸，孙军，徐珺，等. 北京"7·21"特大暴雨极端性分析及思考（一）：观测分析及思考[J]. 气象，2012，38（10）：1255-1266.

[31] 栗晗，王新敏，张霞，等. 河南"7·19"豫北罕见特大暴雨降水特征及极端性分析[J]. 气象，2018，44（9）：1136-1147.

[32] 史文茹，李昕，曾明剑，等. "7·20"郑州特大暴雨的多模式对比及高分辨率区域模式预报分析[J]. 大气科学学报，2021，44（5）：688-702.

[33] 孙军，谌芸，杨舒楠，等. 北京"7·21"特大暴雨极端性分析及思考（二）：极端性降水成因初探及思考[J]. 气象，2012，38（10）：1267-1277.

[34] 张江涛，何丽华，李江波，等. 河北"23·7"极端暴雨过程特征及成因初探

[J]. 大气科学学报, 2023, 46（6）: 884-903.

[35] 孙继松, 雷蕾, 于波, 等. 近10年北京地区极端暴雨事件的基本特征[J]. 气象学报, 2015, 73（4）: 609-623.

[36] 徐宗学, 陈浩, 黄亦轩, 等. 我国沿海地区城市洪（潮）涝成因及应对策略——以深圳市为例[J]. 中国防汛抗旱, 2024, 34（1）: 14-18, 35.

[37] 王军, 谭金凯. 气候变化背景下中国沿海地区灾害风险研究与应对思考[J]. 地理科学进展, 2021, 40（5）: 870-882.

[38] 舒章康, 李文鑫, 张建云, 等. 中国极端降水和高温历史变化及未来趋势[J]. 中国工程科学, 2022, 24（5）: 116-125.

[39] 欧立健, 余锦华, 钟校尧, 等. 海表温度的增暖趋势和自然变率对长江中下游夏季极端降水强度的影响[J]. 大气科学, 2022, 46（6）: 1595-1606.

[40] 贺冰蕊, 翟盘茂. 中国1961—2016年夏季持续和非持续性极端降水的变化特征[J]. 气候变化研究进展, 2018, 14（5）: 437-444.

[41] 翟盘茂, 潘晓华. 中国北方近50年温度和降水极端事件变化[J]. 地理学报, 2003（S1）: 1-10.

[42] 刘玨玨, 刘书芳. 黄河流域城市群生态韧性时空演化及提升路径研究[J]. 环境科学研究, 2024（4）: 1-16.

[43] 何志浩, 张学波, 卢冰坤, 等. 中国城市群经济韧性时空演变及障碍因子分析[J]. 地理与地理信息科学, 2023, 39（6）: 125-133.

[44] 程晓陶, 刘昌军, 李昌志, 等. 变化环境下洪涝风险演变特征与城市韧性提升策略[J]. 水利学报, 2022, 53（7）: 757-768, 778.

[45] 马建明, 喻海军, 张大伟, 等. 洪水分析软件在洪水风险图编制中的应用[J]. 中国水利, 2017（5）: 17-20.

[46] 毛献忠, 龚春生, 张锡辉. 城市湖泊暴雨过程中蓄洪能力研究[J]. 水力发电学报, 2010, 29（3）: 119-125.

[47] NOH S J, LEE S, AN H, et al. Ensemble urban flood simulation in comparison with laboratory-scale experiments: Impact of interaction models for manhole, sewer pipe, and surface flow [J]. Advances in Water Resources, 2016, 97: 25-37.

[48] Nkwunonwo U C, Whitworth M, Baily B. A review of the current status of flood modelling for urban flood risk management in the developing countries [J]. Scientific African, 7: e00269.

[49] Bates P D, Dawson R, Hall J W, et al. Simplified two-dimensional numerical

modelling of coastal flooding and example applications [J]. Coastal Engineering, 2005, 52 (9): 793-810.

[50] Xia X, Liang Q, Ming X, et al. An efficient and stable hydrodynamic model with novel source term discretization schemes for overland flow and flood simulations [J]. Water Resources Research, 2017, 53 (5): 3730-3759.

[51] Villanueva I, Wright N G. Linking Riemann and storage cell models for flood prediction [J]. Proceedings of the Institution of Civil Engineers Water Management, 2006, 159 (WM1): 27-33.

[52] 仇劲卫, 李娜, 程晓陶, 等. 天津市城区暴雨沥涝仿真模拟系统 [J]. 水利学报, 2000（11）: 34-42.

[53] 王志力, 耿艳芬, 金生. 具有复杂计算域和地形的二维浅水流动数值模拟 [J]. 水利学报, 2005（4）: 439-444.

[54] 罗海婉, 陈文杰, 李志威, 等. 基于耦合水动力模型的广州市东濠涌流域洪涝模拟 [J]. 水资源与水工程学报, 2019, 30（3）: 46-52.

[55] 陈文龙, 宋利祥, 邢领航, 等. 一维—二维耦合的防洪保护区洪水演进数学模型 [J]. 水科学进展, 2014, 25（6）: 848-855.

[56] 宋利祥, 徐宗学. 城市暴雨内涝水文水动力耦合模型研究进展 [J]. 北京师范大学学报（自然科学版）, 2019, 55（5）: 581-587.

[57] Zhang S, Pan B. An urban storm-inundation simulation method based on GIS [J]. Journal of Hydrology, 2014, 517: 260-268.

[58] 吕允刚, 杨永辉, 樊静, 等. 从幼儿到成年的流域水文模型及典型模型比较 [J]. 中国生态农业学报, 2008, 16（5）: 1331-1337.

[59] Hou J, Guo K, Liu F, et al. Assessing slope forest effect on flood process caused by a short-duration storm in a small catchment [J]. Water, 2018, 10 (9): 1256.

[60] Gong Y, Li X, Zhai D, et al. Influence of rainfall, model parameters and routing methods on stormwater modelling [J]. Water Resources Management, 2018, 32 (1683-1775): 735-750.

[61] La R. Storm water management model reference manual volume II–hydraulics [Z] //National Risk Management Laboratory Office of Research and Development, U.S. Environmental Protection Agency 26 Martin Luther King Drive Cincinnati, 2017.

[62] Horton R E. The infiltration theory of surface runoff [J]. Eos Transactions American Geophysical Union, 1940, 21.

[63] Green H. Studies on soil physics: part II—The permeability of an ideal soil to air and water [J]. The Journal of Agricultural Science, 1912, 5 (1): 1-26.

[64] Philip, J. R. The theory of infiltration: 1. The infiltration equation and its solution [J]. Soil Science, 1957, 83 (5): 354-357.

[65] 宋晓猛，张建云，王国庆，等．变化环境下城市水文学的发展与挑战——II．城市雨洪模拟与管理［J］．水科学进展，2014，25（5）：752-764．

[66] 谢莹莹，刘遂庆，信昆仑．城市暴雨模型发展现状与趋势［J］．土木建筑与环境工程，2006，28（5）：136-139．

[67] Hunter N M, Bates P D, Neelz S, et al. Benchmarking 2D hydraulic models for urban flooding [J]. Water Management, 2008，161 (1):13-30.

[68] Ball J E. A review of numerical models for prediction of catchment water quantity and quality [R]. Water Research Laboratory: School of Civil Engineering, 1992.

[69] Gustavo A. M. de Almeida, Paul Bates, et al. Improving the stability of a simple formulation of the shallow water equations for 2-D flood modeling [J]. Water Resources Research, 2012, 48 (5): 1-14.

[70] Akanbi A A, Katopodes N D. Model for flood propagation on initially dry land [J]. Journal of Hydraulic Engineering, 1988, 114 (7): 689-706.

[71] Song L, Zhou J, Guo J, et al. A robust well-balanced finite volume model for shallow water flows with wetting and drying over irregular terrain [J]. Advances in Water Resources, 2011, 34 (7): 915-932.

[72] 周浩澜，陈洋波．城市化地面二维浅水模拟［J］．水科学进展，2011，22（3）：407-412．

[73] 岳志远，曹志先，李有为，等．基于非结构网格的非恒定浅水二维有限体积数学模型研究［J］．水动力学研究与进展A辑，2011，26（3）：359-367．

[74] 张大伟，程晓陶，黄金池．建筑物密集城区溃堤水流二维数值模拟［J］．水利学报，2010，41（3）：272-277．

[75] Wu X, Wang Z, Guo S, et al. Scenario-based projections of future urban inundation within a coupled hydrodynamic model framework: A case study in dongguan city, China [J]. Journal of Hydrology, 2017, 547: 428-442.

[76] 黄国如,罗海婉,陈文杰,等. 广州东濠涌流域城市洪涝灾害情景模拟与风险评估[J]. 水科学进展, 2019, 30(5): 652.

[77] Cardoso M A, Almeida M C, Brito R S, et al. 1D/ 2D stormwater modelling to support urban flood risk management in estuarine areas: Hazard assessment in the Dafundo case study [J]. Journal of Flood Risk Management, 2020, 13 (4): 1-15.

[78] 曾照洋,赖成光,王兆礼,等. 基于WCA2D与SWMM模型的城市暴雨洪涝快速模拟[J]. 水科学进展, 2020, 31(1): 38.

[79] Yang Y, Sun L, Li R, et al. Linking a storm water management model to a novel two-dimensional model for urban pluvial flood modeling [J]. International Journal of Disaster Risk Science, 2020, 11 (4): 508-518.

[80] 赵乔,李悦,宋雄,等. 基于SWMM的城市排水管网规划及暴雨预警系统; 2020年(第八届)中国水利信息化技术论坛, 中国上海, F, 2020 [C].

[81] 郑恺原,向小华. 基于SWMM和PSO-GA的多目标雨水管网优化模型[J]. 水利水电技术, 2020, 51(9): 24-33.

[82] 黄国如,张灵敏,雒翠,等. SWMM模型在深圳市民治河流域的应用[J]. 水电能源科学, 2015, 33(4): 10-14.

[83] 丛翔宇,倪广恒,惠士博,等. 基于SWMM的北京市典型城区暴雨洪水模拟分析[J]. 水利水电技术, 2006(4): 64-67.

[84] 陈文杰. 城市洪涝水文水动力模型构建与洪涝管理关键问题研究[D]. 广州: 华南理工大学, 2019.

[85] 范玉燕,汪诚文,喻海军. 基于一二维耦合水动力模型的海绵小区建设效果评估[J]. 水电能源科学, 2018, 36(12): 16-20.

[86] 栾震宇,金秋,赵思远,等. 基于MIKE FLOOD耦合模型的城市内涝模拟[J]. 水资源保护, 2021, 37(2): 81-88.

[87] 黄子千,庞博,任梅芳,等. 基于InfoWorks ICM的济南市少年路暴雨内涝模拟研究[J]. 北京师范大学学报(自然科学版), 2019, 55(1): 160-166.

[88] 李品良,覃光华,曹泠然,等. 基于MIKE URBAN的城市内涝模型应用[J]. 水利水电技术, 2018, 49(12): 11-16.

[89] Gomez M, Russo B. Hydraulic efficiency of continuous transverse grates for paved areas [J]. Journal of Irrigation Drainage Engineering, 2009, 135 (2): 225-230.

[90] 谢齐，罗鹏，杨攀，等．分布式直接降雨法洪水模型及GPU并行计算技术应用研究［Z］．中国第九届防洪抗旱水利信息化技术论坛，2019．

[91] Marks K, Bates P. Integration of high-resolution topographic data with floodplain flow models [J]. Hydrological Processes, 2000, 14: 2109-2122.

[92] 张大伟，权锦，马建明，等．基于Godunov格式的流域地表径流二维数值模拟［J］．水利学报，2018，49（7）：787-794．

[93] 檀海洋．不同功能区城市土壤理化性质及入渗特性研究［D］．合肥：安徽理工大学，2015．

[94] 胡伟贤，何文华，黄国如，等．城市雨洪模拟技术研究进展［J］．水科学进展，2010，21（1）：137-144．

[95] 刘家福，蒋卫国，占文凤，等．SCS模型及其研究进展［J］．水土保持研究，2010，17（2）：120-124．

[96] 赵人俊．流域水文模拟：新安江模型与陕北模型［M］．北京：水利电力出版社，1984．

[97] Casulli V. Semi-implicit finite difference methods for the two-dimensional shallow water equations [J]. Journal of Computational Physics, 1990, 86 (1): 56-74.

[98] Alcrudo F, Garcia-navarro P. A high-resolution godunov-type scheme in finite volumes for the 2D shallow-water equations [J]. International Journal for Numerical Methods in Fluids, 2010, 16 (6): 489-505.

[99] Heniche M, Secretan Y, Boudreau P, et al. A two-dimensional finite element drying-wetting shallow water model for rivers and estuaries [J]. Advances in Water Resources, 2000, 23 (4): 359-372.

[100] 张大伟，张超，王兴奎．具有实际地形的溃堤水流数值模拟［J］．清华大学学报（自然科学版），2007（12）：2127-2130．

[101] 侯精明，李桂伊，李国栋，等．高效高精度水动力模型在洪水演进中的应用研究［J］．水力发电学报，2018，37（2）：96-107．

[102] 陈海鑫．二维浅水流动数值模拟研究及其应用［D］．大连：大连理工大学，2013．

[103] 张大伟，程晓陶，黄金池，等．基于Godunov格式的溃坝水流数学模型［J］．水科学进展，2010，21（2）：167-172．

[104] Schubert J E, Sanders B F. Building treatments for urban flood inundation

models and implications for predictive skill and modeling efficiency [J]. Advances in Water Resources, 2012, 41: 49-64.

[105] Huang C J, Hsu M H, Chen A S, et al. Simulating the storage and the blockage effects of buildings in urban flood modeling [J]. Terrestrial Atmospheric Oceanic Sciences, 2014, 25 (4): 591.

[106] 刘勇,张韶月,柳林,等. 智慧城市视角下城市洪涝模拟研究综述[J]. 地理科学进展,2015,34(4):494-504.

[107] 臧文斌. 城市洪涝精细化模拟体系研究[D]. 北京:中国水利水电科学研究院,2019.

[108] 戸田圭,大八木亮,井上和,等. 都市水害時の地下空間の浸水過程について[J]. 水工学論文集,2004,(48):583-588.

[109] 程晓陶. 城市型水灾害及其综合治水方略[J]. 灾害学,2010,25(S1):10-15.

[110] 张建云,王银堂,刘翠善,等. 中国城市洪涝及防治标准讨论[J]. 水力发电学报,2017,36(1):1-6.

[111] 程晓陶. 消除"城市看海",需以流域为单元做好综合治水的统筹规划[R]. 第四届全国城市安全与防灾规划年度论坛暨2020年中国城市规划学会城市安全与防灾规划学术委员会年会,2020.

[112] 宋晓猛,张建云,贺瑞敏,等. 北京城市洪涝问题与成因分析[J]. 水科学进展,2019,30(2):153-165.

[113] 程晓陶. 郑州暴雨引发沉痛思考:如何更好地应对城市型水灾害[N]. 中国科学报,2021-7-25.

[114] 张建云. 城市抗洪还要端好"头上一盆水"[N]. 中国科学报,2021-7-23.

[115] 张建云,王银堂,贺瑞敏,等. 中国城市洪涝问题及成因分析[J]. 水科学进展,2016,27(4):485-491.

[116] 臧文斌,赵雪,李敏,等. 城市洪涝模拟技术研究进展及发展趋势[J]. 中国防汛抗旱,2020,30(11):1-13.

[117] 黄国如,陈文杰,喻海军. 城市洪涝水文水动力耦合模型构建与评估[J]. 水科学进展,2021,32(3):334-344.

[118] 梅超. 城市水文水动力耦合模型及其应用研究[D]. 北京:中国水利水电科学研究院,2019.

[119] 刘家宏,梅超,向晨瑶. 城市水文模型原理[J]. 水利水电技术,2017,48

(5): 1-5.

[120] 臧文斌. 城市洪涝精细化模拟体系研究[D]. 北京: 中国水利水电科学研究院, 2019.

[121] 徐宗学, 叶陈雷. 城市暴雨洪涝模拟: 原理、模型与展望[J]. 水利学报, 2021, 52(4): 381-392.

[122] 侯精明, 张兆安, 马利平, 等. 基于GPU加速技术的非结构流域雨洪数值模型[J]. 水科学进展, 2021, 32(4): 567-576.

[123] Hu X Z, Song L X, Hydrodynamic modeling of flash flood in mountain watersheds based on high-performance GPU computing [J]. Natural Hazards, 2018, 91 (2): 567-586.

[124] LeCun Y, Bengio Y, Hinton G. Deep learning [J]. Nature, 2015, 521: 436-444.

[125] 刘媛媛, 刘洪伟, 霍风霖, 等. 基于机器学习短历时暴雨时空分布规律研究[J]. 水利学报, 2019, 50(6): 773-779.

[126] Liu, Y. Y., Li, L., Zhang, W. H., et al., 2019. Rapid identification of rainstorm disaster risks based on an artificial intelligence technology using the 2D PCA method [J]. Atmospheric Research, 227, 157-164.

[127] 姚俊良, 薛海涛, 刘庆. 基于大数据的城镇智慧水务日水量预测算法[J]. 北京邮电大学学报, 2021(8): 1-6.

[128] 吴鑫俊, 赵晓东, 丁茜, 等. 基于数据驱动的CNN洪水演进预测方法[J]. 水力发电学报, 2021, 40(5): 79-86.

[129] 白岗岗, 侯精明, 韩浩, 等. 基于深度学习的道路积水智能监测方法[J]. 水资源保护, 2021, 37(5): 75-80.

[130] 高晓薇, 刘家宏. 深圳河流域城市化对河流水文过程的影响[J]. 北京大学学报(自然科学版), 2012, 48(1): 153-159.

[131] 刘媛媛, 张丽, 李磊, 等. 基于多变量LSTM神经网络模型的风暴潮临近预报[J]. 海洋通报, 2020, 39(6): 689-694.

[132] Liu Y Y, Li L, Liu Y S, et al. Dynamic spatial-temporal precipitation distribution models for short-duration rainstorms in Shenzhen, China based on machine learning [J]. Atmospheric Research, 2020 (237): Article 104861.

[133] Preissmann A, Cunge J A. Calcul des intumeseences sur machines electroniques [R]. Ninth Convention of the International Association for Hydraulic Research, Dubrovnik, 1961.

[134] D.E. Rummelhart, G.E. Hinton, R.J. Williams, Learning Internal Representations by Error Propagation [J]. Nature, 1986, 323 (2): 318-362.

[135] Brunetti A, Buongiorno D, Trotta G F, et al. Computer vision and deep learning techniques for pedestrian detection and tracking: A survey [J]. Neurocomputing, 2018,300：17-33.

[136] 周志华. 机器学习 [M]. 北京：清华大学出版社，2016.